故园惊梦

U0168686

Dream of
Classical Gardens

贾珺 著

CNS | 湖南美术出版社
全国百佳图书出版单位
·长沙·

明代文征明绘《东园图》（台北故宫博物院藏）

東園圖

前言

明代剧作家汤显祖的名作《牡丹亭》，其主要情节都发生在一座废弃的园林中，而“游园”“梦会”两折尤为精彩——南安太守杜宝的独生女杜丽娘春闺寂寞，在丫鬟春香的指引下去逛府衙的后花园，发现园中“有亭台六七座，秋千一两架，绕的流觞曲水，面着太湖山石。名花异草，委实华丽”，忍不住感慨：“不到园林，怎知春色如许？”

园林是中国人一个非常长久的梦，从遥远的商周，一直缠绵至今。

人类创造出许多不同类型的建筑，比如住宅、宫殿、衙署、商铺、寺庙、陵墓，它们几乎都有特定的功能，满足居住、朝会、办公、买卖、祭祀、安葬等现实需求。唯有园林是一个例外，以人工方式营造富有自然气息的优美环境，可游可观，寄托了人们在日常生活之外更高的精神追求。

承德避暑山庄烟雨楼[1]

与讲究规整几何形式的西方园林不同，中国园林以模拟自然为最高宗旨，通过各种建筑物以及叠山、理水、植栽等多种手段构成丰富的景观，独具一种空灵的浪漫气质。游览中国园林的过程很像欣赏一幅长卷国画，随着脚步的行进，流动的立体画面逐次展开，令人目眩神迷。

中国古代有许多绮丽的仙境传说，无论东海仙山、西方昆仑还是月上广寒，无一例外都呈现出绝美的园林景象，是现实世界园林的升级版，反过来又对实际的造园活动产生影响，在园中生活的人或多或少也沾染了仙人的气息。

按照园林的属性，中国古典园林通常被分成皇家园林、

1 无特别说明的摄影照片均为作者本人拍摄。——编者注，下同

潍坊十笏园

私家园林、寺庙园林、衙署园林、会馆园林、书院园林、村落园林和公共风景区园林等不同类型。历代君主所建的皇家园林又称苑、囿、宫苑或御苑，征集各地的能工巧匠和各种奇花、异兽、怪石、珍玩，占据最优越的地段，达到同时代造园艺术的最高水准。私家园林数量最多，一般属于贵族、官僚、文人、商人所有，是其主人全家生活、游赏的地方。寺庙园林附属于佛寺、道观、祠庙等宗教建筑，其景物映射相应的宗教思想内涵。衙署园林则是官员公务之暇的休憩场所，反映了典型的官场文化。公共风景区园林大多都利用风景佳胜的山地或河湖之滨改造而成，适当点缀楼阁亭榭，添加匾额石刻，向公众开放，平时游人如织。其他类型园林也都各具特色，共同构成蔚然大观的古典园林体系。

中国版图广阔，各地的风土人情千差万别。从大的角度

无锡寄畅园

看，地和人都有南北之分。以秦岭至淮河一线为界，南、北方园林的风格差异同样非常明显——南方的私家园林以江南地区为最盛，其余如巴蜀、岭南、闽南等地区均形成了相对完整的地域流派，历史都比较悠久，而且各自的造园传统一直延续至近代。总体而言，南方园林大多空间曲折、色彩素雅，富有灵秀精致的气质，是南方良好的自然禀赋和人文基础的完美结晶。北方造园最兴盛的区域是关中、中原、幽燕、齐鲁、三晋等地，相对而言，园林空间较为宽敞直爽，色彩偏于厚重，营造手法简洁，具有端庄大度的气质，充分反映了北方的自然条件和社会文化。

经过三千年的发展，从先秦的高台厚榭到六朝的山庄田园，从唐宋的风雅端丽到明清的曲折婉约，历代名园迭出，佳境非凡。可惜随着时光的流逝，绝大多数古代园林都已经

明代张宏绘《止园图册》（洛杉矶艺术博物馆藏）

沦为遗址或者彻底烟消云散，幸存者几乎都是近代修建或经过改造的成果，但以颐和园、避暑山庄、拙政园、留园、网师园为代表的南北名园依然达到极高的艺术成就，被联合国教科文组织列入《世界遗产名录》。另外通过文献和图画，我们还可以了解更多已经消失的园林的面貌，以及它们背后隐藏的故事。

古人以园林为“诗意栖居”的理想之地，日常起居之外，还在其中举办各种活动：元宵张灯，端午划龙舟，中秋赏月，重阳登高，还有诗会雅集、曲水流觞、避暑纳凉、下棋品茗……风花雪月之间，赏心乐事多不胜数。古典园林由此承载着传统文化的诸多精华，是我们了解古代华夏文明的最佳窗口，只要稍稍花点心思，具备一点相关的背景知识，在游赏过程中关注一下细节，就能够充分领略古人艺术创造的魅力，享受到“游园惊梦”的乐趣。

这本《故园惊梦》是谈古典园林的随笔集，全书分为五卷，各有主题。“宫苑奇观”讲述皇家园林的掌故，包括西汉上林苑、梁代华林园和清代清漪园写仿黄鹤楼、紫禁城宁寿宫花园的营造意匠，以及样式雷所绘的圆明园天地一家春图样；“北地烟云”介绍北方名园，如洛阳独乐园、保定莲花池、青州偶园、济宁荩园、太谷孟家花园，以及北京西郊佛寺园林、东城半亩园和由社稷坛改造而成的中山公园；“南国风月”记述南方名园，如昆山憺园、湖州南浔述园、苏州狮子林、台湾板桥林家花园以及淮安清晏园和河下诸园；“赏花品石”专门聊聊园林中的奇石和名花；“四时节令”则从园居生活的角度，谈论古人如何在园林中度过新年、端午、七夕和重阳节。

希望这本小书能够成为博大精深的中华园林文化的一个小小的窗口，吸引更多的朋友来关注园林、欣赏园林，共同体验传统文化的伟大与精妙。

第一卷

宫苑奇观

千骑万乘临广囿

汉匈战争是上林苑最深的历史记忆

上林苑位于关中平原，本是战国时期秦国的旧苑，后来历经秦始皇和汉武帝两次大兴土木，成为中国历史上规模最大的园林。

西汉时期的上林苑包罗万象，功能极为复杂，除了栖居、游乐、狩猎、求仙和生产活动之外，还和汉朝与匈奴之间的长期战争有密切关系。

匈奴是北方草原上强悍的游牧民族，传说为夏后氏的后裔，战国时期逐渐崛起，与赵国争战。秦始皇统一天下后，曾派大将蒙恬率三十万大军将匈奴逐出河套平原，并修筑万里长城以防其南下。

到了西汉初年，匈奴卷土重来，高祖刘邦率大军亲征，遭遇白登山之围，差点全军覆没。后来高祖、吕后、文帝、景帝等历任统治者都被迫采取“和亲”政策，将宗室之女下

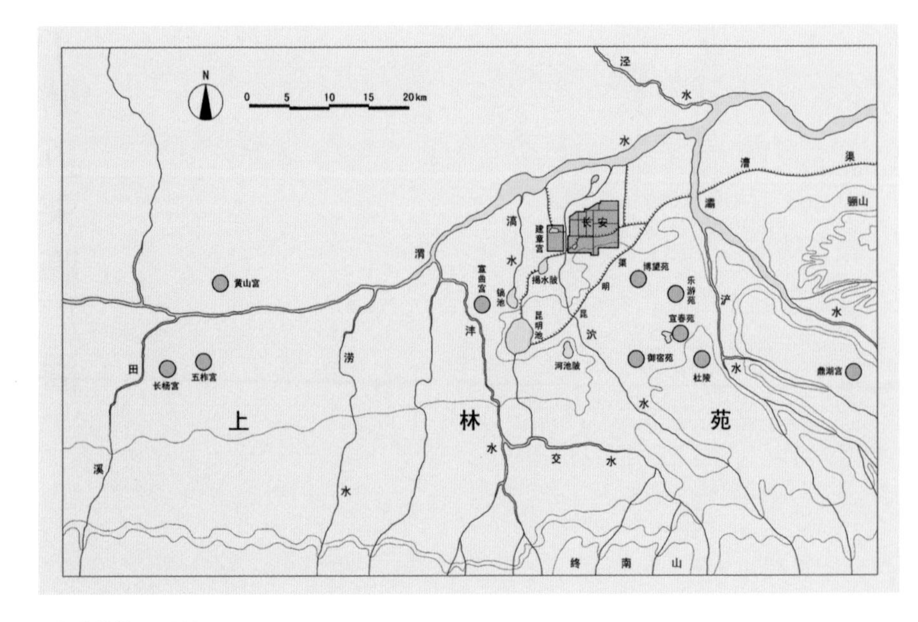

西汉上林苑平面图[1]

嫁匈奴首领单于，并赠送大量财物，以换取短暂的和平。但匈奴经常背信弃义，侵扰边界，杀掠甚重。

汉武帝刘彻继位后，大汉帝国的实力已经今非昔比，他决心对匈奴展开全面的战略反攻。

建元三年（前 138 年），十八岁的汉武帝下令扩建上林苑，将渭水两岸的广袤地区囊括在内，同时在原本负责宫廷扈从的郎卫之

1 无特别说明的平面图均为作者本人绘制。

外另设独立的期门卫士——所谓“期门”，就是“在宫门外守候”的意思。汉朝版图中，陇西、天水、安定、北地、上郡、西河六郡（主要在今天的甘肃、陕西境内）靠近羌族和胡人的聚居地，民风最为彪悍，因此特意从这六郡选拔良家子弟，加入期门卫士的阵营。汉武帝经常亲自率领这些勇猛的期门卫士在上林苑射猎，并非只图游乐，而是通过狩猎来练习排兵布阵，锻炼将士们野外跋涉和骑射的能力，培养未来的优秀将领。在征讨匈奴战争中功劳最大的两位名将卫青和霍去病，当年都曾经跟随汉武帝在上林苑纵横驰骋，射虎搏狼。

后来汉武帝又创设更为精锐的羽林骑营，很多将士是征讨匈奴战争中烈士的后代。另外也有不少匈奴人和其他少数民族将士归顺汉朝，为此在上林苑宣曲宫设有“胡骑营”，那是一支战斗力很强的队伍。

顺便说一下，三国时期吴主孙亮是孙权第七子，九岁登基，曾经效仿汉武帝，从军士后人中挑选了三千多名少年组成一支“孩儿军”，又以将门世家子弟为统帅，在建业（今江苏南京）苑城日夜操练。但孙亮不久就被权臣所废，孩儿军

霍去病墓前“马踏匈奴”石雕（清华大学建筑学院图书馆提供）

不知所终。

南北朝时期北齐后主高纬是个出名的昏君，在邺城华林园内建造了一座模仿边关的小城，让手下穿上黑衣服扮演羌兵前来攻城，自己率领亲信卫士守城抵御。这完全是荒唐的游戏，与军事训练毫无关系。类似的场景在南齐建康（今江苏南京）华林园中也出现过，东昏侯萧宝卷经常在华光殿的前面模拟军阵，用金玉制作铠甲兵器，亲自参与战斗，还假装受伤，躺在板上让人抬走。这两个活宝皇帝与汉武帝天差地别，下场都很悲惨。

西汉上林苑中设有六厩，饲养大量优良品种的战马。以往汉军以步兵为主，与匈奴骑兵在广阔的草原上作战，处于绝对下风。为了扭转逆势，汉武帝广征良马，悉心培育，终于成功组建十万铁骑，横扫大漠，克敌制胜。

上林苑更重要的意义是大量出产粮食和各种战略物资，并开采铜矿铸钱，为战争提供巨额的资金支持。当时主管财政的大臣桑弘羊提出诸多增加国库收入的政策，其中有一项就是将上林苑中的空闲农田租给流民，收取租税，获利亿万。

元光二年（前133年），汉朝派商人聂壹诈降，试图引诱匈奴来袭，汉军在马邑设埋伏，可惜最后被匈奴识破，未能成功围歼敌军。从此双方彻底决裂，连年苦战不休。

元光六年（前129年），卫青、公孙敖、公孙贺、李广四路大军齐出，卫青攻占匈奴祭天圣地龙城。此后卫青连续出塞，收河南之地，置朔方郡和五原郡，又出高阙、定襄，攻击漠南，大破匈奴右贤王部，功勋卓著，封大将军。

上林苑遗址出土的“上林农官”瓦当（引自《收藏快报》）

元狩二年（前121年），骠骑将军霍去病两次率军北征，长途奔袭，斩首数万级，虏获牛羊无数。匈奴浑邪王杀休屠王，带领四万部众来降，被安置在武威郡和酒泉郡。

元狩四年（前119年），汉朝发动最重要的一场战役，卫青与霍去病各率五万骑兵，外加大量随行步卒，分两路出击。霍去病深入大漠数千里，兵锋锐不可当，大败左贤王部，斩首七万余级，封狼居胥而还。卫青遇到单于主力，经过一番血战，击败敌军，斩首一万九千级。至此匈奴遭受惨重打击，王庭远遁漠北。

但汉朝自身的损失也很大，人口锐减，经济困顿。上林苑所饲养的苑马几乎伤亡殆尽，在苑中常年辛苦劳作的几十万百姓形同奴隶，用他们的血汗直接支撑了这场残酷的战争。

汉代画像石上的汉匈战争场景（清华大学建筑学院图书馆提供）

沂南汉墓石门上的汉匈战争浮雕

此后汉匈双方仍交战不断，互有胜败，但汉朝在总体上占据明显上风。征和三年（前90年）贰师将军李广利投降匈奴，之后汉武帝没有再发动大型战役。几十年间，上林苑的建设几乎与征伐匈奴的战争完全同步，成为这段历史最重要的见证。

刻有“上林”铭文的宫廷器物（引自《秦汉上林苑植物图考》）

本始三年（前71年），汉宣帝派遣十六万骑兵，联合乌孙五万骑兵，共击匈奴，再次取得大胜。史书记载，此后几年上林苑中经常有凤凰、神雀聚集，以示庆贺。

汉朝控制了漠南和西域，匈奴日渐衰落，陷入内乱，走向分裂。呼韩邪单于归附汉廷，三次入朝，汉元帝派昭君出塞和亲，之后双方维持了三十多年的和平。

汉武帝当初为了联络大月氏国共伐匈奴，曾派张骞出使西域，进一步开拓了丝绸之路，后来从西域引入葡萄等植物，种在上林苑的葡萄宫。到了元寿二年（前1年），匈奴单于囊知牙斯来朝觐见，汉廷将葡萄宫作为国宾馆，招待单于暂住。

烽烟暂息，上林苑终于褪去杀伐之气，呈现出安宁祥和的氛围。

20世纪初，在蒙古国色楞格河上游发现了一处匈奴贵族墓葬，出土大量文物，其中有一只黑漆碗的底部刻有“上林”两个汉字，证明这件器皿是上林苑旧用之物，或者是苑中皇家作坊的产品。但为什么会出现在遥远的漠北呢？是匈奴军队抢掠所得，还是汉廷的赏赐或者和亲时的陪嫁？已经无人知晓。

经历了两千年的漫长时光，上林苑早已成为一片废墟，但往昔的千骑万乘、壮丽池台与草原上的金戈铁马、碧血丹心遥相呼应，永铭史册，至今仍令人荡气回肠，唏嘘不已。

太液沧波起重台

《琅琊榜》未曾提到的大梁华林园往事

《琅琊榜》是一部相当精彩的古装电视剧,故事背景架空,有点像《红楼梦》,但也并非完全“无朝代年纪可考”。剧中主要情节的发生地是首都“金陵”,国号“大梁”,皇族姓“萧”。中国历史上符合这三个条件的王朝只有南北朝时期的梁朝。

公元502年,萧衍逼迫南齐皇帝萧宝融禅位,自己当了皇帝,正式建立梁朝,后世称之为梁武帝,是《琅琊榜》中梁帝的原型之一。首都建康,古称金陵,即今天的江苏南京。

《琅琊榜》中的场景除了宫殿之外,主要是府宅、坛庙、衙署、猎场以及山野江湖,有时出现一些庭园景象,但好像没有正面表现独立的大型皇家园林。

历史上的南朝在金陵城中心设皇城,皇城的中心为宫廷所在的台城,如电视所演,很多朝堂论辩、宫闱密谋都发生在这里。台城北侧有一座御苑,名叫“华林园”,其重要性比

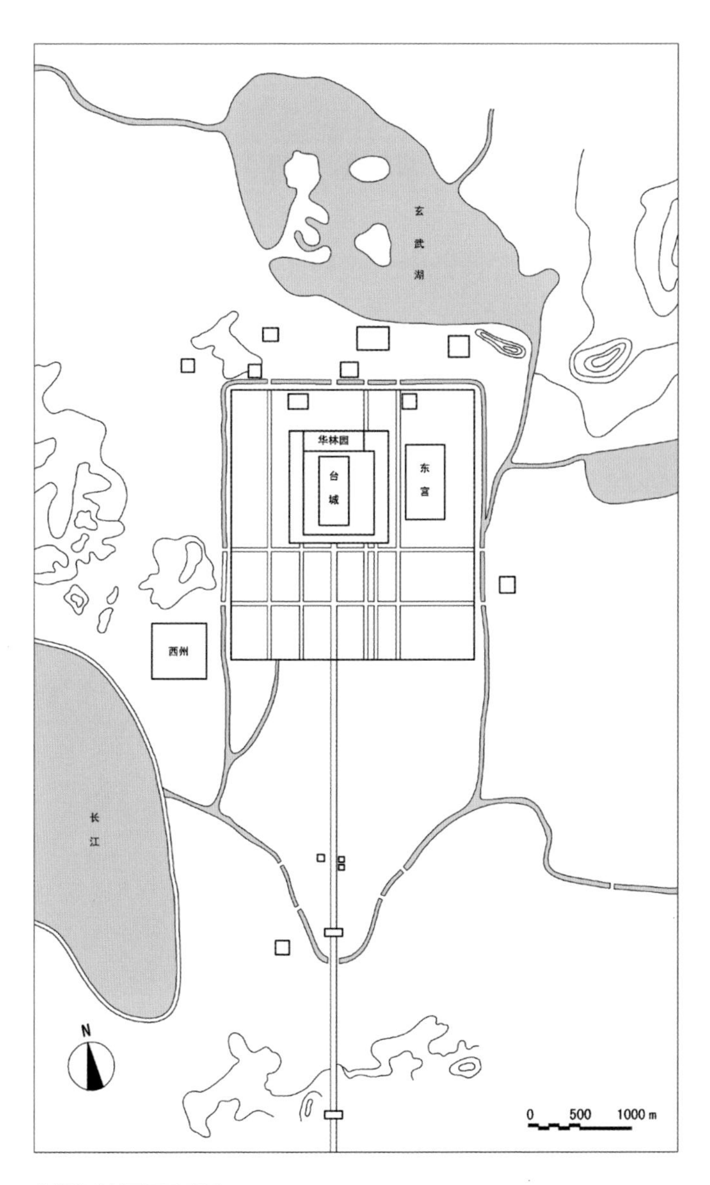

南朝建康城平面示意图

之宫殿，有过之而无不及，但在《琅琊榜》中并未提到。

华林园的历史十分显赫，其前身是三国东吴后主孙皓所造的苑囿，东晋迁都建康之后，大加营建，之后宋、齐、梁、陈四朝均予以继承，并不断进行重修改建，景致美轮美奂，许多重大历史事件在此发生，使得此园成为六朝的一个重要象征。

在梁朝之前，建康华林园的主要景致已经建成，山水佳胜，花木繁茂，殿堂楼台连绵起伏。其总体格局模仿曹魏时期的洛阳华林园，西北部堆筑大土山，称“景阳山”，东南部开辟大片水池，名为“天渊池”。

这个山水模式其实是中国九州地貌的概括，象征西北有高山，东南有大海。梁武帝开国时已经三十八岁，在位时间长达四十七年，前期政绩卓著，国势蒸蒸日上，对华林园做了进一步的扩建，使之达到历史上最鼎盛的境地。

梁武帝一生最大的特点是崇佛。唐朝杜牧有诗：“南朝

（传）清代姚文瀚绘梁武帝萧衍画像（美国大都会艺术博物馆藏）

四百八十寺，多少楼台烟雨中。”实际上梁朝光是建康城内外就有五百多座佛寺，僧尼达十余万之众。僧尼受戒、吃素的规矩也是这位皇帝定下的。

梁武帝日常的饮食和服饰都相当节俭，却经常赏赐佛寺大量的田地、宫舍、财物，甚至几次亲自去同泰寺出家，再令大臣们筹集巨额金银将自己赎回。华林园的正殿叫华光殿，梁武帝下旨将这座宏伟壮丽的殿堂拆了，把价值百万的木石砖瓦材料全部捐献给另一座大寺草堂寺。

后来梁武帝在华光殿旧址上重新建造了一座更为高大的两层楼阁，上层叫重云殿，下层叫兴云殿，殿内供佛像，很像寺院中的大雄宝殿。每逢天灾，梁武帝便在殿中焚香祷告。华林园还是当时皇家编纂佛经的地方，聚集了很多僧徒传唱登录，一共编了五千四百卷之多。全园充满了浓厚的礼佛气氛，与其他朝代的皇家园林颇有不同。

梁武帝有个弟弟名叫萧秀，封安成郡王，为人清心寡欲，只喜欢读书治学，挺像电视剧中不问政事、寄情风月的皇弟纪王爷。萧秀聘请学者刘孝标编写了一百二十卷《类苑》，收罗天下之事，极为详尽，号称“无一物遗漏”。梁武帝不服气，在华林园聚集七百多位学士，让他们每人编一卷书，合成一部更为庞大的《华林遍略》。

华林园中也经常召集王公大臣聚会，举办各种游乐活动，宴会场面宏大，还有类似兰亭雅集那样的“曲水流觞”。园中备有一种特制的“鳊鱼舟”，船形又短又宽，浮行水上，十分惬意。

梁朝君臣大多擅长文学，经常在园中筵席上出口成章，留下很多诗文名篇。侍中柳恽是公认的才子，他写过一首《登景阳楼》："太液沧波起，长杨高树秋。翠华承汉远，雕辇逐风游。"

另一位大臣刘孝绰自幼有神童之誉，其《三日侍华光殿曲水宴诗》云："复以焚林日，丰茸花树舒。羽觞环阶转，清澜傍席疏。妍歌以嘹亮，妙舞复纡余。九成变丝竹，百戏起龙鱼。"这些诗在当时四处传诵，也很受后世赞赏。

《琅琊榜》中，每逢三月要在九安山围场举行春猎活动，皇帝驻跸猎宫，宗室、群臣随行。历史上的南朝首都附近并无这样的围场存在，也不像北朝那样保持狩猎的传统，但会召集皇族和文武大臣在华林园中一起骑马、射箭，并专门搭建大型的"帷宫帐殿"，类似游牧民族的毡帐或军队的营帐，同时还有许多骑兵助阵，场面非常壮观。

如果要给大梁排一个"琅琊文才榜"，那么占据榜首的人物应该是当时最著名的文学家庾信。庾信写过一篇《三月三日华林园马射赋》描绘春天园中骑射活动的盛况：

> 皇帝幸于华林之园，玉衡正而泰阶平，阊阖开而勾陈转。千乘雷动，万骑云屯。落花与芝盖同飞，杨柳共春旗一色。乃命群臣，陈大射之礼。虽行祓禊之饮，即同春蒐之仪。止立行宫，裁舒帐殿。阶无玉璧，既异河间之碑；户不金铺，殊非许昌之赋。洞庭既张，《承云》乃奏。《驺虞》九节，《狸首》七章。

> 正绘五采之云，壶宁百福之酒。唐弓九合，冬干春胶。夏箭三成，青茎赤羽。于是选朱汗之马，校黄金之埒，红阳、飞鹊，紫燕、晨风。唐成公之肃爽，海西侯之千里，莫不饮羽衔竿。吟猿落雁，钟鼓震地，埃尘涨天。酒以罍行，肴由鼎进。采则锦市俱移，钱则铜山合徙。太史听鼓而论功，司马张旃而赏获。上则云布雨施，下则山藏海纳。实天下之至乐，景福之欢欣者也。既若木将低，金波欲上，天顾惟穆，宾歌惟醉。虽复暂离北阙，聊宴西城，即同酆水之朝，更是岐山之会。小臣不举，奉诏为文。以管窥天，以蠡酌海，盛德形容，岂陈梗概？岁次昭阳，月在大梁，其日上巳，其时少阳，春吏司职，青祇效祥，征万骑于平乐，开千门于建章。属车酾酒，复道焚香。皇帝翊四校于仙园，回六龙于天苑。对宣曲之平林，望甘泉之长坂。华盖平飞，风乌细转。路直城遥，林长骑远。帷宫宿设，帐殿开筵。

由其文字可知，园中车马密集，冠盖如云，旌旗招展，钟鼓齐鸣，尘土飞扬。此赋最有名的两句是“落花与芝盖同飞，杨柳共春旗一色”，唐朝王勃《滕王阁序》中脍炙人口的名句“落霞与孤鹜齐飞，秋水共长天一色”正是庾信这两句的翻版。

梁武帝统治末期发生侯景之乱，这场战争的残酷程度远远超过电视剧中的誉王谋反。

太清二年（548 年），侯景率领叛军围攻建康，占领台城之后大肆屠杀抢掠,梁武帝被囚禁饥饿而死,结局比《琅琊榜》中的梁帝更为凄惨。侯景自称大都督、大丞相,任意废立君主,杀戮宗室、大臣,无恶不作。他先立梁朝宗室萧正德为傀儡皇帝,又改立太子萧纲为帝,并与萧纲一起登上华林园重云殿拜佛,在佛像前盟誓,彼此永不相负。但两年之后他就废杀萧纲,另立豫章王萧栋为帝,然后直接逼迫萧栋让位,自己当上皇帝,定国号为“汉”。

侯景是鲜卑化的羯族人,出身于草根,只记得父亲叫侯标,其他祖上叫什么都不知道。他最大的爱好是用弹弓打鸟(这一点有些像《琅琊榜》中爱抓鸽子的飞流),篡位之后,闲着无聊,经常骑着马在华林园中四处溜达,手持弹弓射鸟玩。可怜园中的鸟雀和当时的建康百姓一样,同遭大劫。

侯景的好日子并不长久,梁武帝的另一个儿子萧绎在江陵组织人马讨伐建康。萧绎和《琅琊榜》中的靖王萧景琰一样都是皇七子,也曾经长期统兵,但其本人更擅长文史书画而非武功将略,而且自幼瞎了一只眼,绝非帅哥形象。侯景之乱初起时,他故意按兵不动,坐看父亲和兄长罹难,一直等到时机成熟才发兵争夺皇位,人品比之靖王,可谓天差地远。

萧绎手下大将陈霸先、王僧辩统率大军,势如破竹,攻破城池,侯景出逃后被部下杀死。双方争战激烈,建康全城陷入一片火海,大部分宫殿、御苑、官署、街市、民居都化为灰烬,华林园同样遭到焚掠,只剩下重云殿等少数建筑幸存。萧绎在江陵继位,成为梁元帝,两年后被西魏所灭。

梁朝之后的陈朝一度修复华林园。到了公元588年,隋

梁元帝萧绎绘《职贡图》摹本局部（中国国家博物馆藏）

朝大军灭陈，将整座建康城荡为耕地，华林园彻底消失，其旧址大约在今南京市玄武区鸡鸣山以南，已无痕迹可寻。

真实的历史往往比电影电视更加精彩。梁朝华林园这些既有风花雪月又有血雨腥风的片段，可以作为《琅琊榜》故事的一个补充。除了建康华林园之外，魏晋南北朝时期的洛阳和邺城最重要的皇家御苑也叫华林园，景观格局彼此颇为相似却又各具特色，承载着各种各样的历史事件和宫廷掌故，就好像一场旷日持久的文艺会演，分在三个会场同时举办，共同谱写了一段绚丽的传奇。

高阁倚湖学武昌

乾隆帝曾经把千古名楼
黄鹤楼搬进皇家园林

◎ 清漪写仿

> 昔人已乘黄鹤去，此地空余黄鹤楼。黄鹤一去不复返，白云千载空悠悠。晴川历历汉阳树，芳草萋萋鹦鹉洲。日暮乡关何处是？烟波江上使人愁。

唐代崔颢这首诗流传了一千多年，几乎每个中国人都会背，顺便都记住了黄鹤楼的鼎鼎大名。

可是很少有人知道，清朝的乾隆皇帝曾经在北京的皇家园林中全盘复制了这座千古名楼，还为之写了十几首诗。

故事得从乾隆十四年（1749年）说起。当年冬天，朝廷对北京西北郊的水系开展大规模的整治工程，重点是加挖西湖以形成容量更大的蓄水库。次年，乾隆帝借“为皇太后祝寿”

的名义，在西湖边的瓮山上修造了一座大报恩延寿寺，还将瓮山改名为万寿山，西湖改名为昆明湖，兼做水军训练基地，同时在治水工程的基础上进一步改造山形水系，动工营建大型御苑。后来这座新园定名为“清漪园”——这便是后来颐和园的前身。乾隆二十九年（1764年），全园基本建造完成，与香山静宜园、玉泉山静明园合称为“三山行宫”。

在北京所有皇家园林中，清漪园的位置是最优越的，瓮山、西湖一带既有完整的自然山形，又有辽阔的湖面，西面的西山诸峰在其外围构成极好的远景层次。乾隆很得意自己独具慧眼，发现了这处风景佳的湖山基地，写诗夸耀道：“何处燕山最畅情，无双风月属昆明。”

清漪园的整体格局全盘摹拟杭州西湖，另有多处景致参照各地的名园胜景进行仿建。园中最有特色的建筑类型是楼阁，数量之多，形象之丰富，都远胜其他御苑。万寿山前山中央位置耸立的佛香阁是全园最核心的建筑，此外还在山脚、山麓、山脊、山后以及湖岸、湖心构筑了文昌阁、转轮藏、宝云阁、昙花阁、治镜阁等二十余座楼阁，或繁或简，造型多变，参差起伏。

在昆明湖东部的南湖岛上，曾经矗立一座望蟾阁，乃模仿武昌黄鹤楼建造而成，成为清代御苑中一处非常独特的景致，具有丰富的文化象征意义。

◎ 白云黄鹤

黄鹤楼旧址位于武昌长江东岸蛇山黄鹄矶，相传始建于三国东吴黄武二年（223 年），历代屡建屡毁，却一直是驰誉天下的名楼。

民间流传许多仙人驾鹤降临此楼的故事，比如王子安、费文伟、荀叔祎好像都来过。《报恩录》记载有位姓辛的人在这里开酒馆，附近山上一个道士经常过来喝酒，辛某从不收钱。道士有一天临走的时候用橘子皮在墙上画了一只鹤，说只要有客人来，一拍手，鹤就会翩翩起舞，为酒席助兴。辛某的酒馆由此吸引了大批主顾，逐渐致富。十年后道人又来，取出腰间铁笛吹奏一曲，天上有白云降落，墙上的鹤飘然而下，驮着道人飞走了。辛某便在这里新建一楼，原名辛氏楼，后人称之为黄鹤楼。

自唐朝以来，许多诗人都为黄鹤楼作过诗，其中以崔颢写的那首最为著名，被严羽《沧浪诗话》推举为“唐人七言律诗第一”。有人杜撰说大诗人李白来游黄鹤楼，见到此诗，也甘拜下风，说：“眼前有景道不得，崔颢题诗在上头。”实际上李白曾经以黄鹤楼为题写过不止一首诗，比如大家同样熟悉的《黄鹤楼送孟浩然之广陵》：“故人西辞黄鹤楼，烟花三月下扬州。孤帆远影碧空尽，唯见长江天际流。”无论真假如何，这些诗篇和故事都为黄鹤楼增添了更多的传奇色彩，让它的名气越来越大，达到家喻户晓的程度。

中国古代以水景见长的名胜风景区常常修建高大楼阁，

元代夏永绘《黄鹤楼图》（美国大都会艺术博物馆藏）

既是标志性的中心建筑，又是登临观赏周边风光的最佳场所，如洞庭湖畔的岳阳楼、赣江东岸的滕王阁、黄河之滨的鹳雀楼。黄鹤楼属于同样的情况，扼守长江、汉水两条大河的交汇口，巍峨雄壮，耸出山际，极为醒目。登楼一观，四面八方、远近高低的山水、林木、亭台全部历历在目——隔江西岸有龟山与蛇山相对，延伸至江面的禹功矶上建有晴川阁，江中有鹦鹉洲，而蛇山之南的洪山上有一座明初所建的宝通寺塔，北面有重峦叠嶂的大别山，武昌、汉阳、汉口三镇的街市间巷也尽收眼底。

历代多位画家都绘过《黄鹤楼图》，分别展现了此楼不同时期的建筑形象。其中元代夏永笔下的黄鹤楼建于高台之上，由多座楼阁组合而成，最高一楼采用重檐歇山屋顶。明代安正文笔下的黄鹤楼共有三重屋檐，歇山屋顶的两面分别垂直插入一个小歇山顶。

明代安正文绘《黄鹤楼图》（上海博物馆藏）

2019 年，世界集邮展览在武汉举办，国家邮政局发行了一套两枚邮票，图案采用武汉博物馆收藏的《江汉揽胜图》，图上描绘了以黄鹤楼为中心的江汉风光。

乾隆时期宫廷画家关槐也曾经绘有一幅《黄鹤楼图》。从图上看，此楼坐落于小山之麓，西临江岸，以一圈不规则的短垣环绕，前设拱门，后有殿堂亭轩，自成一院。楼高三层，四个立面完全一致——乾隆时期著名学者汪中在《黄鹤楼铭》中将这种形制概括为“四望如一”。建筑主体部分平面呈正方形，四面各出三间抱厦，屋顶为攒尖式样，特异之处在于每间抱厦之上突出一个较小的歇山屋顶，颇显繁复，与元明时期画卷上的形象有所不同。清代诗人继续为黄鹤楼写了很多诗。比如王孙蔚有一首诗咏道：“独立飞楼尺五天，窗环平野入樽前。长江晓结千峰雨，大别晴

明代《江汉揽胜图》（武汉博物馆藏）

开万树烟。紫雁北来迷楚浦，白云西去认秦川。凭栏愁看陶公柳，舞却春风又一年。”

咸丰五年（1855 年），太平天国起义军攻占武昌，放火将黄鹤楼焚毁。同治年间，在湖广总督李瀚章、湖北巡抚郭柏荫的主持下，基本按照原来的式样对黄鹤楼进行了重建，1871 年，英国摄影家约翰·汤姆逊曾经留下珍贵的照片。光绪十年（1884 年），黄鹤楼再次失火被毁，之后很长时间都没有修复。1957 年建长江大桥武昌引桥时，占用了黄鹤楼的原址。

1981 年，在距离旧址约 1000 米的蛇山峰岭上重建复古风格的新黄鹤楼，1985 年落成，内部采用钢筋混凝土结构，装设电梯，五层总高 51.4 米，与历史上任何时期的样貌都不完全相同。

清代关槐绘《黄鹤楼图》（台北故宫博物院藏）

英国约翰·汤姆逊于 1871 年摄黄鹤楼旧照（旧影志工作室提供）

黄鹤楼今景（陈刚摄）

◎ 万寿盛典

乾隆帝热衷于在各地巡行游玩，却从未到过湖北，自然没有亲眼见过黄鹤楼。但他对这座名楼一点都不陌生，经常浏览清宫中收藏的各种版本的《黄鹤楼图》，熟读历代咏楼诗文，自己也为黄鹤楼写过三首诗，还提到过崔颢、李白那段公案："迴临雉堞瞰江流，崔颢题诗楼上头。太白顾而不复作，卓哉此意足千秋。"

乾隆十六年（1751年）十一月二十五，正逢乾隆帝生母崇庆皇太后的六十岁生日，在北京举行了盛大的万寿庆典，皇帝居然意外见到了武昌黄鹤楼的实物翻版。

这次贺寿活动参照康熙帝万寿庆典的规格，勋贵重臣、蒙藏贵族、各地官员、外邦使节齐集，为此特意在紫禁城西华门至西郊清漪园东宫门沿途道路两侧张灯结彩，寺庙、店铺修饰一新，还搭建了大量的楼阁、亭轩、戏台、彩棚、牌楼、园林，其间唱戏奏乐，罗列仪仗，场面极为热闹。仪典期间所搭楼台都属于临时的布景，分别由清宫内府、王公贵胄和地方官员负责起造，庆典过后即予拆除。

其中各地封疆大吏进献的彩楼最为富丽，往往穷极工巧，竭力表现本地的特色。广东省送来一座翡翠亭，屋顶全部用孔雀毛铺成，一片灿烂锦绣。浙江省供奉一座宽阔的台榭，以湖州出产的铜镜来装饰，内部的大藻井上安了一面大镜，周围设有几万面小镜，人入其中，可以看见自己千万个幻象，仿佛《三国演义》中擅长变身法术的左慈。最引人注目的是

崇庆皇太后画像（故宫博物院藏）

《紫光阁功臣图》中的阿里衮画像（清华大学建筑学院图书馆提供）

湖广总督阿里衮所献的贡品——他运来全套木料，按照武昌黄鹤楼的式样，在皇城西安门内大街上搭建了一座雄伟的三层楼阁。

楼阁在正方形平面的主体四面各出一间抱厦，各层分别设有一圈开敞的外廊，围以木质栏杆，地面铺设花毯。屋面采用攒尖顶，每面各置一座悬山小顶，二层抱厦处则采用独立的歇山顶。各层檐均铺绿色琉璃瓦，屋脊及兽件、宝顶则为黄色琉璃所制。门窗花格采用宫廷最高规格的“三交六椀菱花”图案。各层外面一圈廊柱刷深绿色油漆，内柱刷红色油漆，柱头、额枋、斗栱、栏板均绘有彩画。墙壁安装了高达七八尺的玻璃，十分昂贵。三层檐下分别挂满花灯，玲珑剔透。虽然在细节上略有一些出入，但此楼总体上是武昌黄鹤楼的逼真再现。

阿里衮字松崖，姓钮祜禄氏，是崇庆太后的娘家人，父亲是内大臣尹德，哥哥是大学士讷亲，家世显赫，深受乾隆的宠信。此番他为万寿庆典献上的黄鹤楼，金碧辉煌，冠绝各省，又借相关的神仙传说来祝愿太后松鹤延年，充满喜庆之意，令乾隆母子心中大悦，阿里衮此后官运亨通，自然不在话下。

《崇庆皇太后万寿图》上的湖广总督阿里衮所献黄鹤楼形象（故宫博物院藏）

◎ 湖上建阁

崇庆皇太后的万寿庆典从当年十一月初十开始，持续了十五天。二十四这天，太后从北京西郊离宫回紫禁城，乾隆帝亲自骑马在前面引路，文武大臣、朝廷命妇、男女百姓跪在道旁迎送。太后坐在銮舆里，看了一路的绚丽景象，高兴之余，觉得太过靡费，下旨尽早撤除。别的彩楼统统就地拆掉倒也无所谓，唯独对于那座黄鹤楼，乾隆帝恋恋不舍，于是决定重赏阿里衮一万两银子，把所有材料都搬到清漪园，在南湖岛上建起一座新的楼阁，取名“望蟾阁”。

清漪园昆明湖中筑有三座岛屿，象征神话中的东海三仙山，南湖岛是其中之一，以十七孔桥与东岸连通。岛上保留一座祭祀龙王的广润祠，西侧院落中建了一座月波楼，岛北部堆叠土山，望蟾阁高踞其上，俯临湖面。

大约从乾隆十七年（1752 年）开始动工兴建这座楼阁，乾隆二十年（1755 年）建成，但在上一年已经大致成型，可以从湖上欣赏其高大的身影。望蟾阁台基下设有码头，乾隆帝经常从昆明湖北岸乘船过来，驶到楼下登岸，一路碧波照影，宛如明镜，与长堤、拱桥和水鸟为伴，正如其诗中所咏："望蟾阁外放烟舟，澄照欣看镜里游。绿柳红桥堤那畔，驾鹅鸥鹭满汀洲。"

望蟾阁的造型与西安门内大街上的那座彩楼几乎一模一样，主要差别在于屋面除了铺设绿色琉璃瓦之外，还增加了黄色琉璃剪边，并且不再悬挂花灯。乾隆帝在诗中声称："黄

《崇庆皇太后万寿图》上的清漪园望蟾阁（故宫博物院藏）

鹤由来肖武昌”，强调此阁专为模仿黄鹤楼而建。

两座楼阁不但造型雷同，而且所在景区的建筑格局也有相近之处——黄鹤楼与一组亭台轩榭共同构成相对独立的庭院，望蟾阁同样与相邻的祠宇殿堂形成完整的组群，两座高楼均居于临水一侧，而望蟾阁南侧的月波楼与黄鹤楼东侧的南楼地位相当，都属于陪衬的附楼。如果将视野放到昆明湖周边，会发现望蟾阁与黄鹤楼各自所在的山水环境也颇为相似——昆明湖的水面堪比辽阔的长江，南湖岛可比拟黄鹄矶，北岸的万寿山对应龟山，邻湖的三层文昌阁对应晴川阁，湖上的知春亭小岛对应江上的鹦鹉洲，而昆明湖西侧玉泉山上的玉峰塔对应洪山上的宝通寺塔。从这个角度来看，望蟾阁的这次写仿兼顾到更大尺度的园林风光，在一定程度上再现了楚天江山的形势与神韵。

望蟾阁下的假山磴道有百级之多，加上楼内陡峭的楼梯，需要一定的体力才能登到最上层。乾隆帝退位为太上皇之后，于嘉庆元年（1796 年）最后一次为望蟾阁题诗，总结自己四十多年来一共登阁十二次,只有两次爬到第三层。从四周看，望蟾阁突兀立于宽阔的湖水之上,好像是“晶盘擎出玉芙蓉”。登楼四望，东边可近观昆明湖东岸的铜牛、远眺畅春园，南面是昆明湖西堤，北面是万寿山，西边是昆明湖西岸的耕织图和更远处的重重西山，观景视野可谓绝胜。

乾隆帝在咏望蟾阁诗中多次提及与黄鹤楼相关的诗文典故，尤其对崔颢的诗极为欣赏，说：“设云武昌是，崔句孰能侔”，“因之即景思崔咏，只合于斯笔砚藏”。——意思是无论谁作的咏楼诗都比不上崔颢，只要想到崔诗，自己也只好把笔砚藏起来——这话说得实在是言不由衷，他先后给望蟾阁写了十六首诗，丝毫没有藏拙的意思。

◎ 仙境望月

除了写仿黄鹤楼之外，望蟾阁还有两个重要的主题，一是仙境，二是赏月。

乾隆帝有一次去香山静宜园游玩，在静室一带远远看见望蟾阁，作诗云："昆明湖上望蟾阁，疑是蓬莱驾海涛。"把望蟾阁和所在的南湖岛视作蓬莱仙境的化身。

"望蟾阁"这个名字源自东汉时期的志怪小说《洞冥记》。这部书记载汉武帝在神话般的钓影山上建望蟾阁，高十二丈，阁上悬挂一面海外有祇国进贡的金镜，直径四尺，可以照见鬼魅，使其无可遁形。清漪园望蟾阁上没有悬挂这样的宝镜，但楼前湖平如镜，可使人产生类似的联想。

乾隆帝从昆明湖对面看望蟾阁，作诗云："玉蟾最可望琼阙"，"隔湖飞睇者，望此作蟾宫"。古人把月亮视为蟾蜍的化身，称之为"玉蟾"。所谓"蟾宫"，指的是月亮上的广寒宫。南湖岛平面轮廓近于圆形，本身就是月亮的象征，岛中有月波楼，岛东侧的十七孔桥上刻有"偃月"二字，加上望蟾阁，构成了一个完整的月中仙境模式。

由此可见，因为这座望蟾阁的存在，南湖岛成为集蓬莱岛、钓影山、广寒宫三大仙境于一身的神奇之地。

清代弘昨绘《京畿水利图卷》中的望蟾阁（中国国家博物馆藏）

中国素有“近水楼台先得月”的古谚，以临水楼阁为赏月的最佳场所，看天上之月与水中倒影相互映衬，方为称心乐事。黄鹤楼同样是赏月的胜地，比如清代王守正写过一首《黄鹤楼玩月歌》，赞道：“楼头秋夜寂不喧，碧空高挂一轮月。”与之类似，望蟾阁之名兼取“远望蟾月”之意，其初衷也是想打造一个理想的赏月场所。

吊诡的是，乾隆帝终其漫长的一生，居然从未在这里欣赏过幽美的夜月之景。

这事说来有点好笑。早在乾隆九年（1744 年），乾隆帝初步完成圆明园的扩建工程后，曾经写过一篇《圆明园后记》，夸耀圆明园已经达到完美的境界，声明自己十分满足，从此不需要再修建新的御苑，同时告诫后世子孙也不要再浪费民力另建其他园林。可是几年之后，他就自食其言，开始动工建造清漪园，对此他自己也觉得说不过去，便又在乾隆二十六年（1761年）写了一篇《万寿山清漪园记》，文中除了为自己辩解之外，也含有一点检讨的意思，最后还特别强调说自己每次来清漪园游玩，都只逛上午半天，中午就回，从来不在这里住宿过夜，暗示君主不会玩物丧志，请天下臣民放心。

为了这一句诺言，乾隆帝就此失去了在夜晚登望蟾阁赏月的机会，心中难免有些愤愤不平，屡次抱怨说："是阁虽云'望蟾'，而从未于此赏月。""所谓'望蟾'，亦虚有其名耳。"他曾在黎明时分偶尔过来，看一眼天边即将消失的月亮残影，聊补遗憾，并作诗云："望蟾最宜夕，而我曾未到。偶来每值晨，汉边尚堪眺。"更多时候，他坦承"望蟾"二字表现的主要是虚景，只要能让自己想象一下高阁明湖、清月朗照的意境，寄托情怀，就算达到目的了。

颐和园涵虚堂（楼庆西摄）

◎ 晴川余韵

望蟾阁存在的时间不足六十年。此阁由于位于南湖岛北侧，冬春两季直接面对红山口刮来的强劲西北风，屋檐很容易被吹坏，经常需要修缮。嘉庆皇帝继位后，对望蟾阁兴趣不大，很少光临，从来没有登过。嘉庆十五年至十七年（1810年—1812年）间，此阁被拆除，原址上重建了一座单层的涵虚堂。咸丰十年（1860年）英法联军入侵北京，焚掠三山五园，清漪园亦遭劫难，包括涵虚堂在内的南湖岛上的所有建筑均被焚毁。

光绪时期重建颐和园，在旧基上按照嘉庆年间的涵虚堂样式复建五间殿堂，北出三间抱厦，景观效果远逊当年的望蟾阁。

颐和园涵虚堂南立面今景

今天颐和园游客如云，很少有人知道这里曾经有一座高耸的临水楼阁。值得一提的是，涵虚堂的南面悬有一面“晴川藻景”匾额，源自崔颢《黄鹤楼》诗中的名句“晴川历历汉阳树”，似乎在提醒大家不要忘记昔日清漪园与武昌黄鹤楼那段奇妙的因缘。

深宫幽庭锁清秋

乾隆花园寄托了
十全老人的终极理想

◎ 花甲建园

乾隆花园位于紫禁城东北部，正式的名称叫宁寿宫花园。

雍正十三年（1735 年）农历八月二十三，雍正皇帝在圆明园驾崩，二十四岁的皇四子弘历登基为帝，次年改元乾隆。乾隆帝幼年时得祖父康熙的钟爱，感情深厚，对祖父的文韬武略万分钦佩，继位之初便焚香祷告，说祖父当了六十一年的皇帝，自己不敢超越，只求上天保佑，让自己坐满六十年皇位，之后就退位去当太上皇。

到了乾隆三十六年（1771 年），预计的任期已经超过一半，正逢花甲之年的乾隆帝下旨对紫禁城中的旧宁寿宫进行全面改建，作为未来归位后的太上皇宫。工程由福隆安、三和、英廉、刘诰、四格、和珅等官员先后主持，历时五年，

乾隆皇帝晚年朝服画像（故宫博物院藏）

于乾隆四十一年（1776年）完工，大约花费了一百四十三万两银子。

宁寿宫所在位置在明朝时设有仁寿宫等几处庭院，是太后、太妃们的养老之所。康熙二十八年（1689年）在此建宁寿宫，用作孝惠皇太后的寝宫。乾隆时期的这次改建力度很大，新落成的整组建筑分为前朝、后寝两个部分。前朝设皇极门、宁寿门二门和皇极殿、宁寿宫二殿，仿佛是紫禁城外朝、内廷核心空间的缩影。后寝分为三路，中路设养性门、养性殿、乐寿堂、颐和轩、景祺阁，属于寝宫；东路设扮戏楼、畅音阁、阅是楼、庆寿堂、景福宫、梵华楼、佛日楼，用于看戏和礼佛；西路便是花园，地段东西宽37米，南北深160米，显得既窄又长，一共布置了五个院落。

粗粗看来，宁寿宫花园这五个院子的形状都比较规整，类似四合院的变体，建筑和景物的密度偏大，似乎没有什么特别吸引人的地方。但是仔细考量，会发现其中掩藏着五重天地，层层递进，各有奥秘可寻。

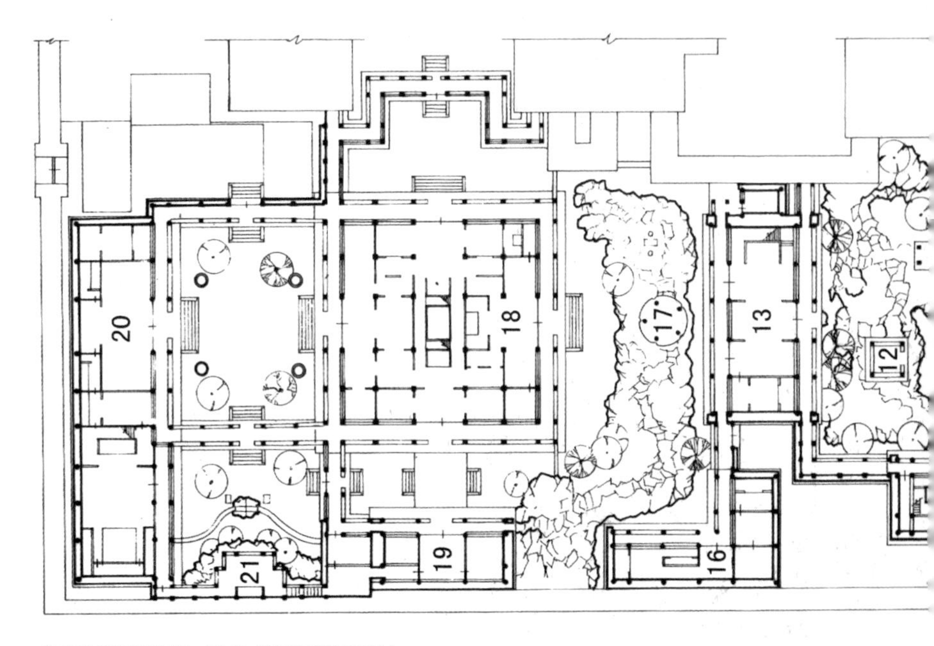

宁寿宫花园平面图（引自《清代御苑撷英》）

1 衍祺门 2 古华轩 3 禊赏亭 4 旭辉亭 5 抑斋 6 撷芳亭 7 矩亭 8 垂花门 9 遂初堂 10 东厢房 11 西厢房 12 耸秀亭 13 萃赏楼 14 三友轩 15 延趣楼 16 云光楼 17 碧螺亭 18 符望阁 19 玉粹轩 20 倦勤斋 21 竹香馆

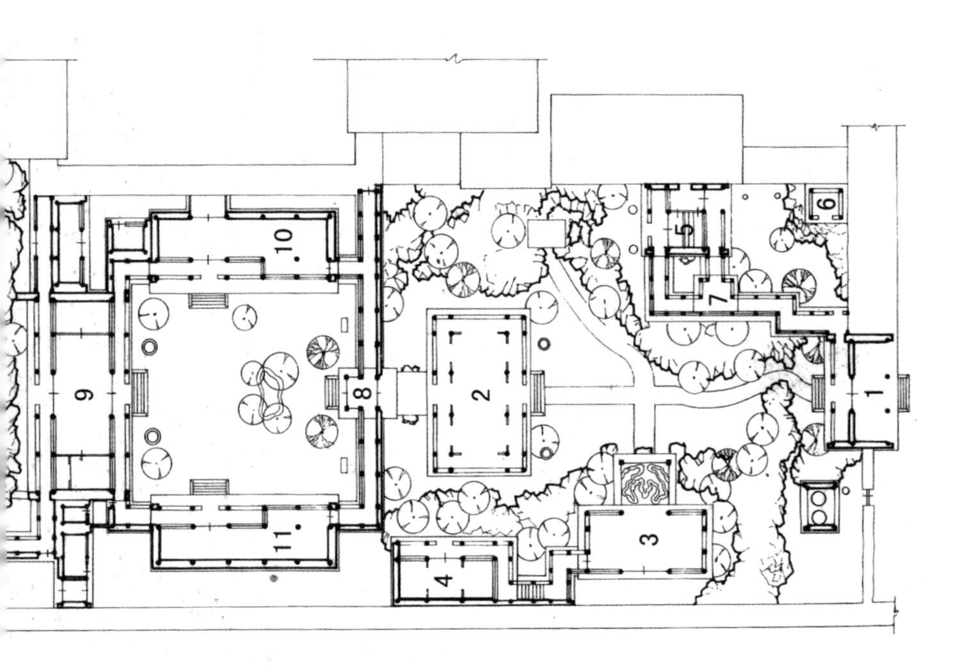

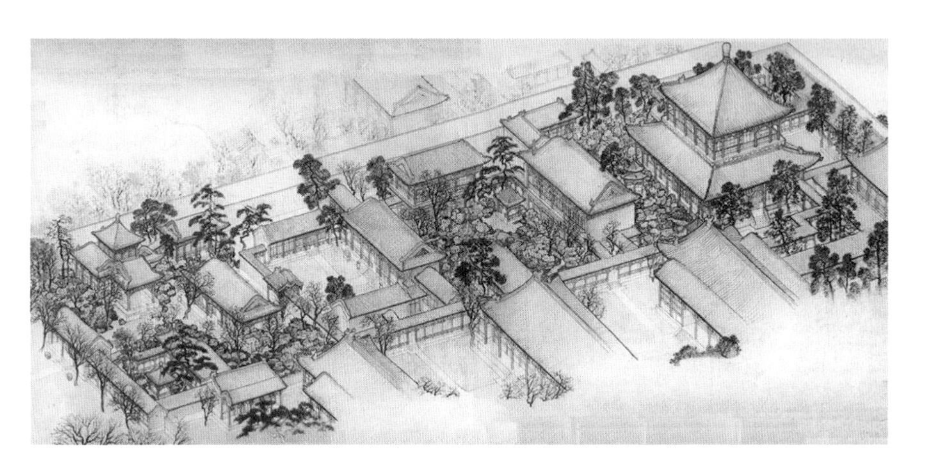

宁寿宫花园鸟瞰图（引自《乾隆遗珍》）

◎ 兰亭褉赏

从花园正门衍祺门进第一个院子，先见到一堵假山，宛如屏风，穿洞而过，方才正式进入。

这个院子的格局最为曲折，几乎四面都有叠山。北面正中的古华轩是一座三间周围廊的敞厅，室内天花板上的雕饰彩画非常细腻。褉赏亭居于西厢位置，其北为旭辉亭。东南角用曲折的游廊另外隔出一个独立的小院，里面建一个名为“抑斋”的小书房，还有两座方形平面的小亭，一为矩亭，一为撷芳亭。撷芳亭和旭辉亭都以叠石假山为基座，登上去可以从不同的角度俯瞰院内院外。

褉赏亭是这个院子最重要的建筑。其名为“亭”，平面却呈“凸”字形，主体部分共有三开间，屋顶由两卷歇山和中间的攒尖顶组合而成，东面延伸出一间抱厦，与普通亭子的形象不大一样。抱厦的台基上凿出回环曲折的水渠，可用人力汲水注入，象征兰亭“曲水流觞”之景。

中国从上古时期就有在暮春之际郊游踏青的习俗，并在水边洗浴行祭，以求驱病辟邪。这种仪式称为“祓褉”，后来慢慢演化成一种宴乐游戏，常在园林中设置石渠，漂浮酒杯，宾主列坐岸边，酒杯漂到谁的面前，谁就要作诗，否则罚酒。东晋永和九年（353年），时任会稽内史的大书法家王羲之与友人谢安、孙绰等四十一人在会稽（今浙江绍兴）山间的兰亭举行雅集，事后众人诗作汇编成册，王羲之亲笔作《兰亭序》，成为书法史和文学史上的不朽名篇。后世园林纷纷以兰亭为

古华轩内景

撷芳亭

禊赏亭

原型，建亭挖溪，力图再现当时的景象——清代御苑避暑山庄的“曲水荷香”和圆明园的“坐石临流”都展示了这个主题，以亭子为中心，不设基座，直接在起伏不平的山石上立柱，一条曲溪从亭中宛转流过，格调很潇洒。

乾隆帝本人是书法爱好者，对王羲之推崇备至，南巡期间也曾经访问过绍兴兰亭旧址。他将圆明园中长方形平面的坐石临流亭改成一座八角形的亭子，并在八根石柱上分别刻上《兰亭序》以及《兰亭诗》的不同摹本（这八根柱子现在仍保存在北京中山公园内）。

禊赏亭所在的院子山石起伏，其间种植繁茂的古树和清幽的丛竹，与《兰亭序》“此地有崇山峻岭，茂林修竹”的描写暗合，至于“清流急湍，映带左右”却采用另一种抽象的模式来表达：在亭内石头基座上刻凿弯弯曲曲的流杯渠，代替自然的“曲水”。这种手法并非乾隆的独创，早在六百多年前的北宋官书《营造法式》中就有明确记载，而清代北京的

禊赏亭内的流杯渠

恭王府花园、退潜别墅和西山潭柘寺也都有类似的流觞亭。

很显然，乾隆帝在花园里修建这座亭子，题“禊赏”二字，并非真的要仿效王羲之他们“修禊事”，而是为了表达一下自己对晋人风流的欣赏之意。

◎ 遂初养素

第二个院子的入口是一座垂花门，尺度经过仔细推敲，站在门口，正好是一个完美的画框，将院落中央的一尊太湖石收进图中。

这是整座花园中最宽敞的一个庭院，格局也最为端正，独有一种雍容沉凝的气质。正房遂初堂是一座五开间歇山顶建筑，左右设有耳房，又设抄手游廊，环绕全院，将垂花门以及东西厢房连为一体。院子的四角各种一株柏树，进一步强化了对称的感觉。

“遂初”二字的本义是“遂了当初的心愿”，也就是乾隆帝希望自己能实现“做六十年天子之后退位”的初衷。堂内挂了一块匾，上书“养素陶情”四字，东边的房间还有一副对联，写的是“屏山静水皆真宰，萝月松风合静观”，表达了另一重“遂初”的涵义。

西汉刘歆和东晋孙绰这两位著名文学家都曾经写过《遂初赋》。刘歆的赋是一篇游览三晋风光的游记，没有太多的深意，而孙绰的赋则表达了寄情山水、回归自然的志向，很受后世追捧。

遂初堂

耸秀亭

延趣楼

古代帝王贵为最高统治者，但出于故作姿态或自我矛盾，经常会表现出对超凡脱尘的隐逸境界的向往之意。乾隆帝对隐逸文化同样大有兴趣，屡屡在诗文中提及，还在皇家园林中营造了不少农田、菜圃、茅舍，蕴含澹泊遁世的情怀。

遂初堂的匾额和对联更像是在描绘一个隐士生活的山居田园——也许乾隆意在将自己未来的退位之举比作古代名士辞官归隐，从此与屏山静水、萝月松风做伴，悠闲自在，陶冶性情。

◎ 幽谷延趣

遂初堂南北两侧都开门，穿堂而过，就来到第三个院子。这是花园中最拥挤的一个庭院，里面被一座大假山塞得满满当当，几乎没有什么空隙。

院东的山坳里插入一座三友轩，南、北、西三面设廊，其门窗的花棂都用紫檀木雕成松竹梅图案，比喻“岁寒三友”。室内布置了暖炕，以备冬季游憩。西侧山墙上开了一扇大窗，人在其中，可以透过窗户静赏室外的风景。

院西的延趣楼虽然是双层楼阁，但底层完全被假山遮住，只有二层部分显露出来，看上去更像是坐落在山上的单层轩馆，以一道曲折的游廊通向北面的萃赏楼。假山顶上建了一座耸秀亭，挺拔峻立，四面临风。

大假山是院中的主景，主要用北京西山所产的“北湖石”堆叠而成，里面掩藏着幽深的洞穴和盘旋的磴道，人行其间，如入深山幽谷，忽上忽下，明暗不定，或而逼仄，或而开朗，变化多端。

中国古代造园，最重视叠假山，无论是秦汉时期的大土山、唐宋时期的缩微石峰，还是明末清初张南垣所创的平冈小坂，都相当于立体的山水画，宜于对观。可是这座假山的情况大有不同。除了山顶之外，其外貌基本上无法展现，更像是一座用石头砌成的不规则房屋，山体犹如墙壁，山洞便是内室，山顶相当于屋盖。游者只有近距离仰视欣赏，或在山谷中穿越盘桓，才能体会其巍峨嶙峋之势。

清代中叶很流行这种风格的假山，以苏州狮子林为最典型的代表。狮子林始建于元代，本是一座禅寺园林，后来变成私家园林，经过改建，假山遍布全园，拥有大量的山洞和山径，纵横交错，恍若诸葛亮的八卦阵。乾隆帝南巡，多次造访狮子林，十分喜爱，流连忘返，吟咏累篇，御赐“真趣”匾额，并在圆明园和避暑山庄中两次加以仿建。

乾隆帝本人天性偏好烦琐复杂的东西，对这种密集满铺的假山情有独钟。他曾经专门征召江南匠师来北京为皇家御苑堆叠假山，而宁寿宫花园第三进院的假山虽不知出自何人之手，却同样延续了苏州狮子林的“真趣”。

◎ 符望之阁

乾隆帝做皇子的时候，曾经住在紫禁城内廷西部的西二所，登基之初他将西二所改建为重华宫，其西侧的西四所、

宁寿宫花园第三进院剖面图（引自《清代御苑撷英》）

西五所则被一并改建为园林式的建福宫，其西部庭院叠筑假山，建造延春阁、凝晖堂、积翠亭。宁寿宫花园第四进院的格局以及主要建筑都是建福宫西院的翻版，似乎是为了表达皇帝对青年时代的某种纪念。

这个院子的主体建筑符望阁占据了将近一半的面积，南面堆了另一组大型假山，山上有一座碧螺亭。西侧是三间玉粹轩,西南角有一座曲尺形平面的云光楼,室内悬“养和精舍”匾。院东部的游廊向外凸出，构成一个别致的小空间。

符望阁是一座二层五间的楼阁，全盘模仿延春阁，采用方形平面，重檐攒尖屋顶，体量高大。阁中设有宝座，并安装各种隔断，镶嵌金玉珠宝，雕镂极为细致，纵横穿插，宛如迷宫，被比喻为当年隋炀帝的“迷楼”。登上二楼，可以鸟瞰紫禁城并眺望景山、北海琼华岛和钟鼓楼。

苏州狮子林假山

乾隆帝御题狮子林“真趣”匾

宁寿宫花园第三进院假山叠石

此阁的主题是“符望”二字，即“符合预期，实现愿望”，与“遂初”含义相近，同时这里的“望”字可能也有“凭临望远”的意思，阁里悬挂多副对联，尽力渲染周围可见的远近景物，比如“云卧天窥无不可，风清月白致多佳”，“清风明月含无尽，近景遐观揽莫遗”，“绿树岩前疏复密，白云窗外卷还舒”，“画情八窗纳，春意百花舒”，一派大好风光。

假山上的碧螺亭是一座很特别的建筑，采用五瓣梅花形的平面，与建福宫对应位置上的积翠亭所用的方亭造型迥异。这种梅花亭的形式源自江南，明代造园名著《园冶》中有类似的插图，并注明做法：“先以石砌成梅花基，立柱于瓣，结顶合檐，亦如梅花也。”碧螺亭就是这么建造的，室内的天花板、檐下的彩画和台基上的汉白玉栏杆都刻画梅花图案，其重檐屋顶更像是两朵梅花的化身，迎风飘舞。

乾隆帝自己在诗中说“碧螺”二字不是形容亭子本身，而是指亭子下面“层层岚宛转”的叠石。当年康熙南巡至苏州，当地人献上从太湖洞庭山采摘的春茶，该茶形似卷螺，奇香无比，康熙赐名“碧螺春”。有学者推测此处原本并不打算建亭，乾隆帝因为想起祖父这件往事，才添上这座碧螺亭，以表纪念之意。

◎ 太上倦勤

宁寿宫花园最后一进院子面积最小，北面倦勤斋的地位相当于整个建筑群的后罩房。游廊将庭院一分为二，东部略

符望阁（任超摄）

碧螺亭

宽而西部稍窄，西侧有一座小楼名叫“竹香馆”，朝东而立，还特意在前面用弧形的墙壁进行遮挡，形成了一个更小的院中之院。墙上开漏窗，用五彩石砌筑下半部，所开门洞上题有“映涵碧”三字，形容竹子的清幽之气，与“竹香”二字相呼应。

倦勤斋的原型是建福宫的敬胜斋，其内部装修还参照了圆明园“坦坦荡荡”景区的半亩园殿，美轮美奂，达到清代宫廷室内设计的最高水平。

整座建筑共分九间，东边五间室内设有“仙楼”，也就是局部搭建“凹”字形平面的两层阁楼,挂檐版为“卍”字图案，另以碧纱橱分隔出若干间小室，安设书房、寝室。西边四间是一个独立的小剧场，西侧设有亭子式样的戏台，围以栏杆；东侧另设仙楼，上下均布置皇帝看戏的宝座。

倦勤斋西侧空间的天花板和西、北两面墙上分别裱糊具有透视效果的天顶画和通景画。这种手法与中国传统壁画大相径庭，由西洋传教士引入宫廷，大受乾隆喜爱。主持倦勤斋装饰绘画工程的宫廷画师是王幼学、王儒学、伊兰泰等人，他们曾经追随意大利传教士郎世宁学习，技艺娴熟，画得十分逼真。

天花上画的是竹架藤萝，花枝摇曳，好像随时会落下来。北墙上画了一道竹篱，中间开了一个圆形的月亮门，门内有一只仙鹤正在梳翅，旁边鲜花盛开，再后面是一座殿堂和一座亭子。西墙也画了一道竹篱，掩映着苍翠的松柏和悠悠的远山。

清代帝王以“勤政亲贤”为座右铭，在西苑、圆明园、避暑山庄、清漪园、静宜园各大御苑中都设有一座勤政殿。但这里却反其道而行之，以“倦勤”二字为主题，意思是“自己一辈子勤于政务，老来疲倦，想退位后好好休息”。倦勤斋作为整个宁寿宫花园的收尾，最有点睛意味。

◎ 五重天地

总体而言，宁寿宫花园受地段条件限制，难免有偏于封闭、拥塞的缺点，但其处理手法依然有不少高明的地方。

全园拥有明显的中轴线，并在第三进院向东偏移了一些，形成微妙的转折，而游览的路线逶迤迂回，大有庭院深深、引人入胜之感。五个院子都没有什么水景，主要靠不同形式的楼斋轩亭、高低起伏的峰峦壑谷和适当点缀的花草竹木来构成优美的景象，并精心设置了几个登高观景的位置，拓展视野。

建筑屋顶铺设不同颜色的琉璃瓦，柱子油漆分为红绿二色，梁枋上绘制绚丽的彩画，比郊外的皇家园林和江南私家园林显得华贵，却又比紫禁城其他殿堂灵活生动。室内装修和家具陈设大多交给扬州的两淮盐政李质颖承办，采用江南地区最好的材料和工匠，铺金砌玉，雕龙画凤，极尽华美之能事。

古代帝王在世时主动退位的例子并不鲜见，称作“内禅”，之后往往离开原来的宫殿，住进另设的太上皇宫。乾隆帝是

倦勤斋

倦勤斋西部室内戏台、天顶画与通景画（刘畅摄）

宁寿宫花园第二进院垂花门

中国历史上最后一位内禅的皇帝，宁寿宫也是唯一一座现存的太上皇宫。但需要说明的是，乾隆帝当满六十年皇帝，正式传位给嘉庆之后，依然住在紫禁城养心殿，直到三年后驾崩为止，从来没有在宁寿宫住过一天，却经常来花园游逛。园中建筑专门收存他心爱的各种书画、文玩珍品，按照宫廷《陈设档》记载，共有一千七百多件。

乾隆帝死前留下圣旨，要求永远保持宁寿宫的所有规制，不得改建，也不得改为佛堂。之后的历任清帝都遵守了这条祖训，将宁寿宫用作庆典和宴会的场所，未作任何变动。光绪十三年（1887 年），慈禧太后将之用作太后宫，死后葬礼也在此举行。

今天的乾隆花园只开放了部分院落，而且绝大多数建筑都门窗紧闭，不得入内。另外值得一提的是花园第五进院东廊外的空地上有一口小井，光绪二十六年（1900年）八国联军入侵，慈禧带着光绪仓皇出逃前，命太监将幽禁的珍妃推入井中溺毙，后人称此井为“珍妃井”，成为乾隆花园最受游客关注的景点，至于其他亭阁、假山、花木，反而很少有人驻足细观。

平心而论，宁寿宫花园作为紫禁城中一个非常独特的区域，倾注了乾隆帝的大量心血，其五进院落形成五重天地，分别展现“禊赏”“遂初”“延趣”“符望”“倦勤”五个主题，充满了符号象征意义，在某种程度上，也可算是乾隆刻意设置的五个密码，寄托了这位“十全老人”的终极理想。至于其高超的园林营造艺术和丰富的文化内涵，更加值得后人品赏回味。

大匠天工绘御园

样式雷绘《圆明园中路天地一家春立样图》解析

◎ 哲匠世家

很多人都以为，中国古时候并没有“建筑师”这个职业，房子都是木匠盖出来的。实际情况远没有这么简单。

建筑是一种复杂的工程，涉及木、砖、瓦、石、土、漆等许多材料和工种，绝非单一的木匠活可以涵盖。更重要的是，从先秦时期开始，中国古代就有专门从事建筑设计的匠师，地位与今天的建筑师类似。他们的专长不在于手工操作，而是选择材料、计算尺度、构思造型、指挥施工。这种匠师在唐宋时期有一个特殊的称谓，叫做“梓人”。

几千年来，从传说中的祖师爷鲁班以降，中国历朝历代出现过很多善于建筑设计的能工巧匠，比如隋代构筑赵州安济桥的李春、宋代修造东京开宝寺塔的喻浩、明代营建北京

雷氏先祖画像（首都博物馆藏）

紫禁城的蒯祥。古人经常尊称他们为哲匠、大匠。可惜他们绝大多数都没有留下姓名，如同璀璨的繁星，消失在历史的夜空之中。

清朝是中国历史上最后一个封建王朝，无论是官方还是民间的建筑设计都自成体系。首都地区的皇家建筑工程均由总理工程处承担，派遣承修大臣监督，并专门设置样式房负责一切规划和建筑、园林、室内装修设计事务，以勘估大臣和销算房来审计造价和财务经费，具体施工则由内务府下设的营造司委托各家木厂和造作办来完成。

在整个营造体系中，样式房的工作与今天的建筑设计院最为相近。样式房内设有多位主持设计的匠师，地位最高者称“掌案”，类似今天的总工程师，一般由最杰出的大匠师担任。样式房设立前后二百多年中，一个姓雷的家族有好几代人先后出任掌案或其他样式房要职，称“样式雷”，被视为中国历史上最后一个哲匠世家，极富传奇色彩。

雷家祖籍江西南康府建昌县（今江西永修县），明朝初期移民南京，世代从事建筑设计和施工工作。清初改南京为江宁府，雷家在当地已经是著名的工匠家族。康熙中叶营建畅春园，从南方大量征召能工巧匠来京效力，雷家的杰出人物雷发达也乘这次机会来到北京，投身内务府包衣旗下，连续为宫廷服务多年，干得相当出色，一直做到营造司的长班。

雷发达有一个儿子叫雷金玉，原本想让他好好读书，未来走仕途。雷发达在畅春园服役期间，雷金玉跟随入京，进国子监深造。不料这孩子天生是个建筑大师的料，经常跑到工地旁观父亲指挥施工，很有心得，后来就放弃科举，正式加入了样式房，担任楠木作的工头，主要负责室内装修。

中国古代建筑的主体部分采用木结构，北方官式建筑营建的次序是先在台基上立柱子，柱上架梁，梁上再立短柱，短柱上再架梁，逐渐抬高，同时在每两根梁的端头支上檩子，檩子之间铺设椽子，椽子上铺望板，望板上铺瓦。构件之间主要靠榫卯连接，事先加工好，在现场一一组装。最顶上的那根檩子名叫“脊檩”，又称作“栋”，一般来说，把这根檩子放上去就意味着工程成功大半，因此无论是官方还是民间盖房子，常常在最重要的一座建筑中央一间安放脊檩的时候举行特殊的“上梁”仪式，用作脊檩的那根木料披红挂彩，在众人关注的目光下被缓缓抬升到最高处，安放就位，全体欢声雷动，摆酒祝贺。

畅春园中地位最高的大殿是九经三事殿，照例要在此举行上梁典礼，康熙帝率领亲信大臣一起光临现场观看，可是把脊檩抬上去的时候出了一点差错，预先准备好的木料无论如何也装不进原定位置，主持施工的营造司官员急得几乎崩溃，却又无计可施。此时同在一旁看热闹的雷金玉挺身而出，随手操起一把斧子，像猿猴似的爬上屋梁，对准脊檩端头的榫卯砍了两下，眨眼之间，就把脊檩严丝合缝地安放好了。这一下大大露脸，不但内务府的所有官员都感激涕零，康熙帝也龙颜大悦，当场封雷金玉为七品官，命其参与畅春园和海淀地区其他王公园林的设计和施工。康熙三十二年（1693年），雷发达去世，归葬江宁，雷金玉继续留在北京当差。

雍正帝继位后扩建圆明园，当时雷金玉已经年过六十，技艺炉火纯青，更有机会大显身手。他亲自主持设计各种建筑的图样，制作烫样（模型），指挥施工，对于圆明园工程贡献极大，因此在其七十大寿时得到皇帝特别赏赐的"古稀"二字匾额。

自雷金玉开始，雷家先后共有七代人在样式房担任职务，京畿地区的宫殿、御苑、坛庙、陵寝、城门、公署、王府工程设计大多出自其家族之手。乾隆中叶，雷金玉之子雷声澂主持续建圆明园及其附园长春园；乾隆后期至嘉庆年间，雷声澂次子雷家玺、三子雷家瑞分掌香山、玉泉山、万寿山行宫与昌陵建设以及圆明三园的扩建、改建；道光至同治年间，雷家玺三子雷景修出任样式房掌案，主要负责圆明园的改建和装修工程；同治五年（1866年），雷景修去世，其三子雷思起继任样式房掌案，雷思起长子雷廷昌也在样式房当差，并于父亲去世后接任掌案，主持西苑三海、东西二陵、颐和园等多处工程建设；光绪年间，雷廷昌长子雷献彩又任掌案，承担庚子之乱后的北京宫殿、坛庙、城门重建与维修工程以及光绪帝崇陵建设。

如此祖孙相继，致力于皇家营造事务，绵延二百余年，举世罕见。现今中国列入世界文化遗产的古迹中，故宫、颐和园、天坛、避暑山庄、东陵、西陵均与样式雷家族有密切关系，其余如北海、中南海、正阳门、恭王府等著名建筑也是其代表之作。正所谓赫赫世家，奕奕华构，名垂史册，千载不朽。

◎ 圆明宸居

样式雷家族所任职的样式房长期设于圆明园中，雷氏名匠历代所主持的皇家工程也以圆明园地位最为重要。

清廷入关之后的前几十年一直处于动乱之中，顺治朝和康熙朝前期先后致力于清剿各路起义军，剪灭南明余党，平定三藩，收复台湾，直到康熙中叶天下才渐次安宁。康熙二十六年（1687 年）开始在北京西北郊修建畅春园，从此康熙帝在每年的大多数时间里不在紫禁城居住，而是搬到畅春园生活，同时在园中接见大臣、批阅奏章、举行仪典，开启了清代帝王“园居理政”的传统。

后来为了避免王公大臣每日上朝往来于城内与西郊的辛劳，康熙帝决定在畅春园周边划拨地段修造一些规模小一些的花园赐给诸位皇子和亲信大臣。康熙四十六年（1707 年），年纪较长的七位皇子的花园率先建成，其中四阿哥胤禛的园子位于畅春园北面，与三阿哥、八阿哥、九阿哥、十阿哥的花园临近。当年十一月十一日，康熙亲临胤禛的新花园。两

康熙年间皇四子胤禛在圆明园朗吟阁图景（故宫博物院藏）

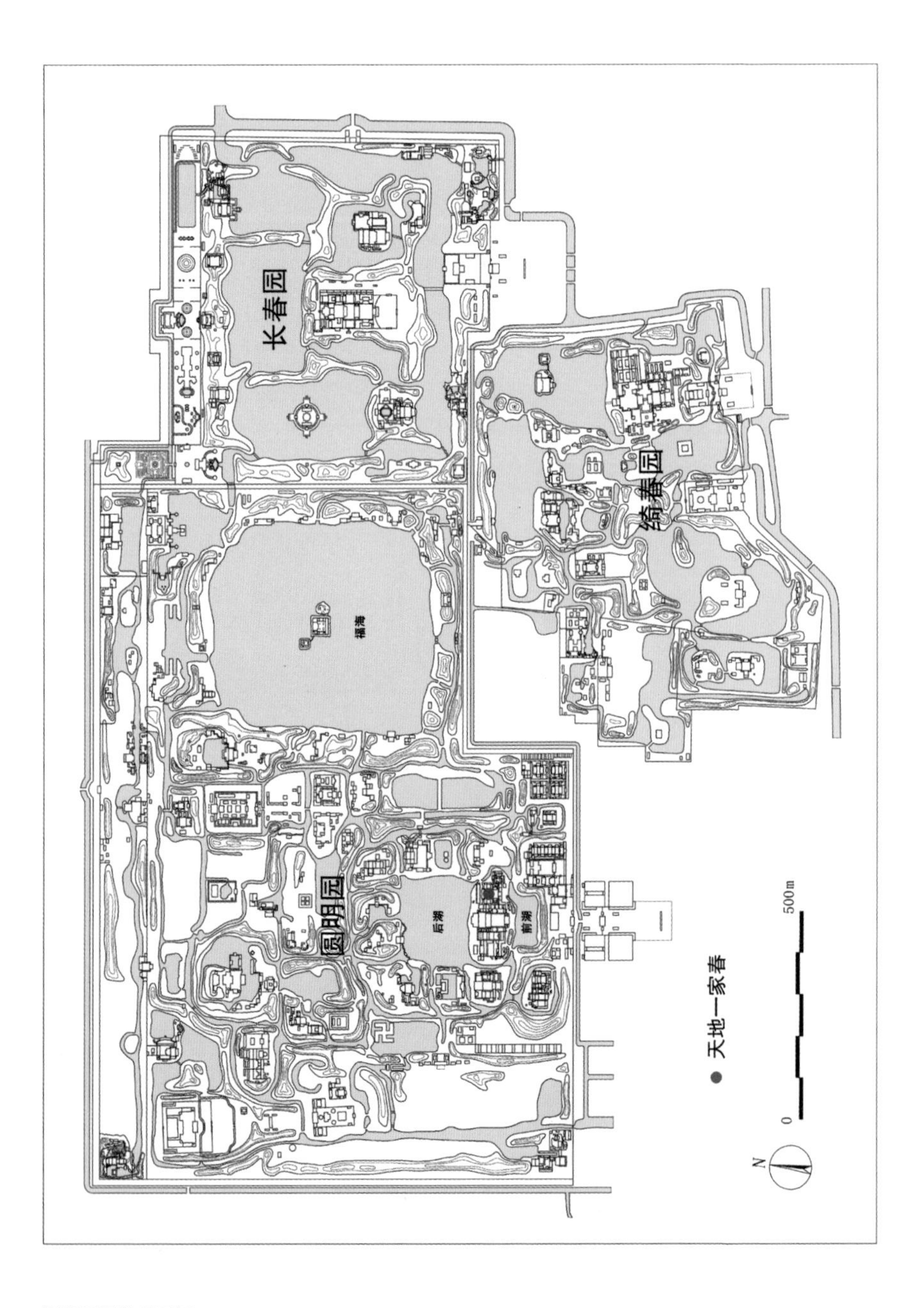

圆明三园总平面图

年后，花园正式赐名为“圆明园”。

康熙时期的圆明园只是众多皇子赐园中的一座，占地面积远没有后来那样庞大。胤禛继位为雍正帝后，在原有基础上大加扩建，构筑了一座庞大的离宫御苑，并从雍正三年（1725年）开始在此园居理政。乾隆帝即位后，两次对圆明园进行了大规模的添建和改建，先后在东侧和东南侧开辟了长春园和绮春园，又将绮春园以东的熙春园和长春园以北的春熙院纳为附属园林，形成“圆明五园”的格局，设圆明园总管统一管理。

嘉庆年间对绮春园做进一步的扩建和改建，使得圆明园达到最鼎盛的境地。嘉庆七年（1802年）和道光二年（1822年），春熙院和熙春园被分别赐与庄静固伦公主和惇亲王绵恺，“圆明五园”就此变成了“圆明三园”。道光、咸丰年间对圆明三园仍有局部的增建、改建和修整，但规模相对较小。咸丰十年圆明三园惨遭英法联军焚掠。同治、光绪年间，清廷均曾计划重修，但因为耗费过大而中止。三园此后又历经各种劫难，最终彻底沦为废墟，被视为中国近代历史的国耻纪念地。

圆明、长春、绮春三园以倒“品”字形彼此相连，是平地建造的大型山水园林，总面积约350公顷。外围宫墙总长达10公里，设有19座园门，园内通过山丘、水系、游廊、围墙的分隔形成各有主题意趣的不同景区，相当于若干园林的集合体，因此被称为“万园之园”。水面大至福海，小至溪流，聚散离合，萦回曲折而又彼此相通，形成完整的水系。其中修造大小建筑群总计120余处，主要以厅堂楼榭等游赏性的景观建筑为主，同时拥有相当数量的宫殿、佛寺、祠庙、戏楼、市肆、藏书楼、船坞等特殊性质的建筑，类型极为丰富。

圆明园以四十景为主体，全园可分为东西两部分。西部的宫廷区至前湖、后湖地区形成了明显的中轴线。入宫门为离宫正殿正大光明，其东西两边分别为理政区勤政亲贤和太后寝宫区长春仙馆。正大光明殿之北为前湖，再北即为后湖景区，后湖沿岸环列九岛，分别为九洲清晏、镂月开云、天然图画、碧桐书院、慈云普护、上下天光、杏花春馆、坦坦荡荡、茹古涵今九景，其中九洲清晏是清帝及其后妃的寝宫区。勤政亲贤东侧的洞天深处是皇子的生活区。后湖之北散布着万方安和、武陵春色、月地云居、濂溪乐处、水木明瑟、日天琳宇、汇芳书院、杏花春馆等近二十景，水面以分散为主。园西北隅建有安佑宫，规制模仿太庙，是供奉历代清帝御容的场所。在坐石临流景区设有同乐园大戏楼及买卖街，其北的舍卫城是一座佛寺。园西有大片空地，设有山高水长一景，是清帝骑马、射箭的场所，每年正月十五前后在此举行大蒙古包宴。

圆明园东部以福海为中心，形成了另一个大景区。水中央筑有三岛，形成蓬岛瑶台之景，周围散布着平湖秋月、接秀山房、别有洞天、夹镜鸣琴、涵虚朗鉴等景点，尺度更为开朗恢宏。再北则有方壶胜境、北远山村、廓然大公诸景，彼此各据水面，形状曲折，又有岗阜回萦，形成独特的深幽意境。

长春园位于圆明园福海之东，以洲、岛、桥、堤将一个

清代沈源、唐岱绘《圆明园四十景图 · 九洲清晏》(法国国家图书馆藏)

大水域划分为若干水面，建有澹怀堂、含经堂、淳化轩、玉玲珑馆、思永斋、海岳开襟、茜园、如园、鉴园、狮子林诸景。园北有一片特殊的西洋楼景区，包含谐奇趣、方外观、养雀笼、海晏堂、远瀛观、大水法、观水法等建筑和大量的喷泉、雕塑、植物，将中国建筑风格与欧洲18世纪巴洛克和洛可可建筑风格融为一体，是中国皇家园林中首次大规模仿建欧洲园林与建筑的重要实例。

绮春园位于长春园之南，在合并了一系列王公大臣的赐园的基础上扩建而成，因此基本为若干小型园林的集锦，通过小水面与山冈穿插，构成松散的整体。园中有敷春堂、清夏斋、涵秋馆、生冬室、四宜书屋、凤麟洲、含辉楼、澄心堂、湛清轩等近三十处建筑群。同治年间试图重修圆明三园时，

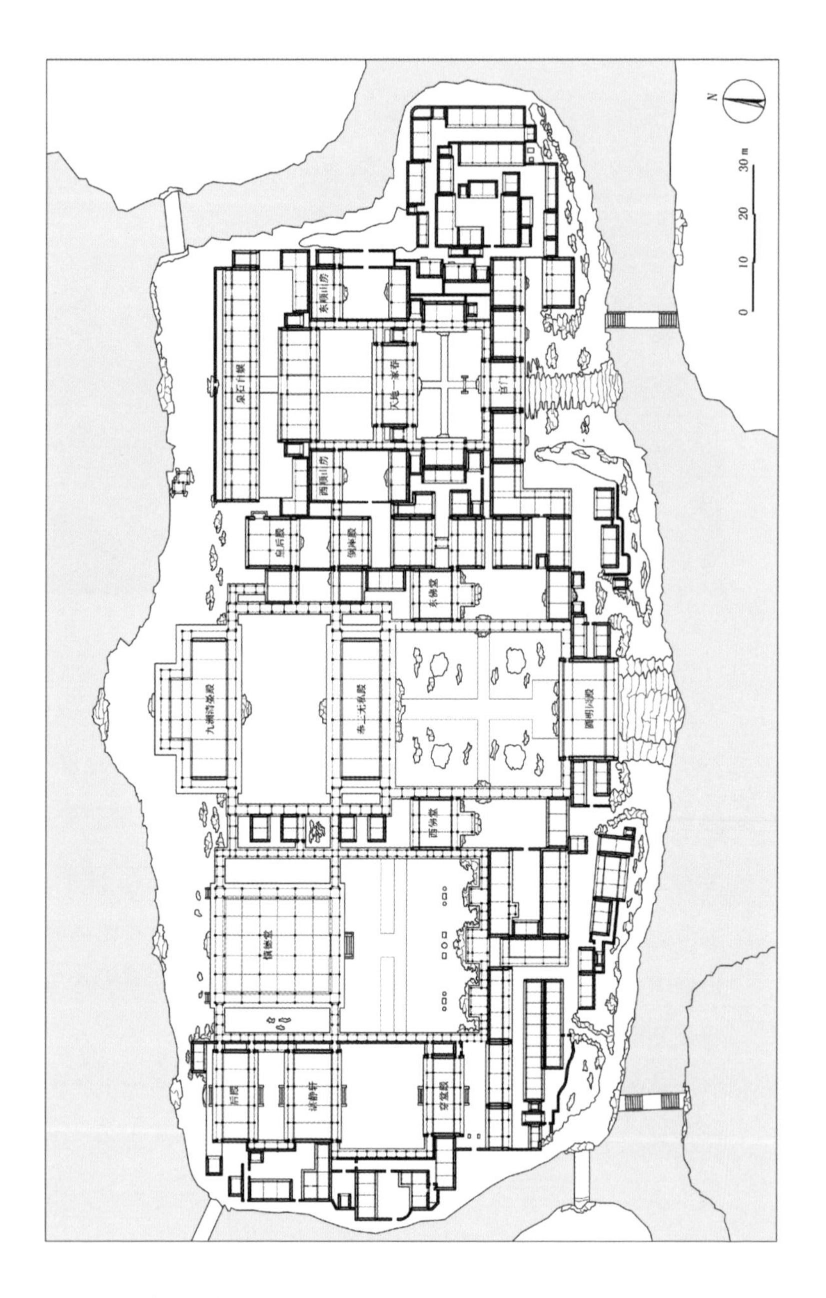

道光十一年（1831 年）圆明园九洲清晏平面图

将绮春园改称为万春园。

圆明园及其附园中包含大量相对独立的主题景区，山水之清佳、建筑之丰富、花木之繁盛，令人叹为观止，如乾隆帝在《圆明园后记》所云“实天保地灵之区，帝王豫游之地，无以逾此”。秦汉以来皇家园林中的造园题材，如仙山神境、濠濮观鱼、兰亭禊赏、田圃村舍、市肆街衢等在此均有表现。圆明三园中特意仿建了全国各地大量的园林和山水美景，如江宁瞻园、苏州狮子林、海宁安澜园、杭州小有天园、西湖十景、宁波天一阁、嘉兴烟雨楼等均有摹本，并经常搭建蒙藏风格的大蒙古包。此外，园中还修建了许多独特的景观以及大量的宗教祭祀建筑，代表了清代园林艺术和建筑艺术的最高水平，宛如一部古典园林的百科全书，全面展现了清代丰富多彩的皇家文化和宫廷匠师的杰出智慧。《红楼梦》中元妃省亲时题诗夸赞大观园“天上人间诸景备”，其实古往今来最担得起这个评语的园林非圆明园莫属。

在圆明三园所有景区中，九洲清晏地位尤为重要。此区位于前湖之北、后湖之南的大岛上，由三路并联的庭院组成，是清帝和后妃生活起居的主要场所，殿宇繁多，装修精丽。乾隆年间供奉宫廷并在圆明园工作多年的法国传教士王致诚在书札中对九洲清晏景区作过细致的描绘：“皇帝起居之所，近园之正门。有前殿，有正殿，有院庭，有园囿。四面环水，阔而且深，如在小岛之上。直可以回教王之赛拉益宫名之。殿内之陈设，若棹椅，若装修，若字画，以至贵重木器，中日漆器，古磁瓶盎，绣缎织锦诸品，可云无美不备。盖天产之富，与人工之巧，并萃于是也。”雍正、乾隆、嘉庆、道光、咸丰五朝清帝及其后妃均长期在此居住，不断进行改建、重修，使得这处建筑群前后格局差异颇大。

中路沿中轴线坐落着圆明园殿、奉三无私殿、九洲清晏殿三座殿宇。圆明园殿地位相当于整个寝宫区的门殿，奉三无私殿主要用作宗室、皇子等与皇帝关系较亲密的近支王公筵宴之地，九洲清晏殿则是历代清帝在圆明园中最主要的寝殿，其内外形式屡次做过改造。道光十七年（1837 年）在九洲清晏殿西侧增建了三间套殿，咸丰帝继位后悬“同道堂”匾额，并将其南的殿宇改建为三卷戏台。咸丰九年（1859 年）又在九洲清晏殿东侧建三间套殿，称“清晖堂”，后毁于火。中路两侧曾设有东西跨院，在靠近奉三无私殿的位置分别修建了东西佛堂，均为三间硬山小殿，前出一间歇山抱厦，为皇帝平日拈香之处。道光十六年（1836 年）改建时将佛堂移至圆明园殿内，原位置分别改设前后四座太监值房。

九洲清晏西路在乾隆年间包含乐安和、怡情书史、清晖阁、露香斋、茹古堂、松云楼、涵德书屋、鸢飞鱼跃等建筑。清晖阁的南侧院中曾种植了九株古松，乾隆二十八年（1763 年）失火，九松被烧毁，之后便在阁南修建了松云楼、露香斋、涵德书屋、茹古堂四座点景楼轩，称“清晖阁四景”。道光十一年乐安和、怡情书史一带改建为三卷五开间大殿慎德堂；同年又将原清晖阁一带改建为相对独立的一组居住庭院，其南为穿堂殿，北为后殿，中殿为湛静轩（斋），用作道光帝全贵妃寝宫。咸丰帝出生于此，因此后来将此殿改称基福堂。

九洲清晏东路为妃嫔居所，名为“天地一家春”，其南设宫门三间，主院前殿即为天地一家春正殿，东西各设配殿，其北为后殿，再北为十五间后罩殿泉石自娱。道光年间一度将主院西北侧的三间殿设为“皇后殿”，其余时期皇后居处不明。咸丰五年样式雷所绘的一张图样记录了当时九洲清晏东路的嫔妃寝殿分布情况，其中懿嫔（即后来的慈禧太后）住天地一家春正殿，西厢房为“懿嫔女子下处”，即其陪侍宫女的住所。其他妃嫔、贵人、常在分住后殿、后罩房和侧院中，如天地一家春后殿中央为穿堂，两侧各三间分别为某贵人寝殿，泉石自娱殿由明常在和其他两位贵人分住，丽嫔、婉嫔住在西侧院落的正房中。各位妃嫔陪侍的宫女一般就住在倒座、厢房等次要房间内。

咸丰十年英法联军焚掠圆明园，九洲清晏几乎全部被毁。同治十二年（1873 年）一度拟重修圆明园，样式雷为之设计筹划，其中天地一家春被定为重点工程，不但绘有多张图样，还制作了模型烫样。现存一幅《圆明园中路天地一家春立样图》，反映的正是当时重建的格局，与被毁之前有明显差异：中轴线上的三间宫门、七间正殿、七间后殿（新定名为承恩堂）以及十五间后罩殿基本维持旧貌，后殿所在院落新增东西配殿，两侧跨院和辅助建筑全部取消，空间显得较为简洁。之所以出现这样的变化，一个可能的原因是同治帝一共只娶了一位皇后，纳了四位妃嫔，远远少于之前的皇帝——不再需要原来那样多的房间来安置她们。

同治十三年（1874 年）七月，天地一家春重建工程已经

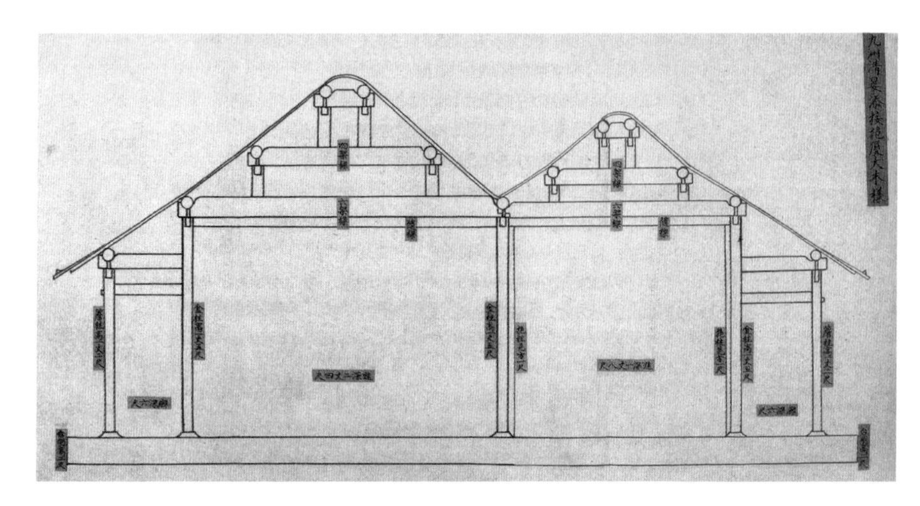

圆明园九洲清晏殿大木样（引自《圆明园的记忆遗产——样式房图》）

样式雷所制圆明园建筑烫样（故宫博物院藏）

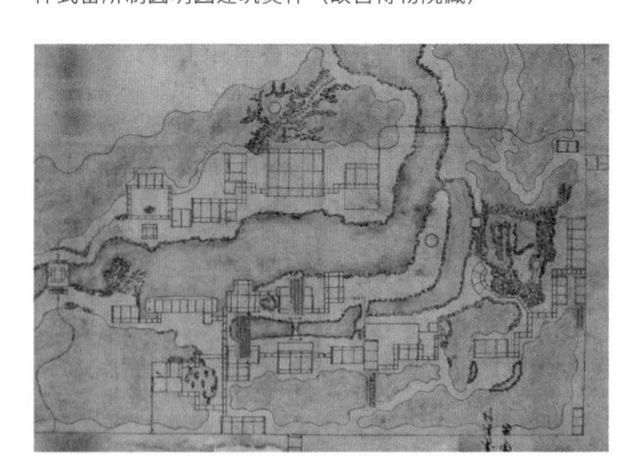

圆明园秀清村南路地盘样（清华大学建筑学院藏）

长春园法慧寺塔立样（引自《圆明园的记忆遗产——样式房图》）

完成大半，却因为财政枯竭、大臣反对而停工。光绪二十二年至二十四年（1896年—1898年）又有零星修缮，但始终未完工，也没有真正投入使用。光绪二十六年八国联军侵华，圆明园再遭劫难，这组建筑彻底被毁。

◎ 传世图样

今天的圆明三园只剩下残基断壁与颓山剩水可供凭吊，昔日的盛况难以想象，留给世人无限的遗憾和反思。所幸的是，当年样式雷曾经绘制的建筑设计图样仍有许多保存至今，成为我们了解圆明园故景最宝贵的原始资料。

中国古代很早就有绘制建筑设计图的传统。现存最早的平面图为战国时期的中山王陵《兆域图》。北宋时期将作监李诫编撰的《营造法式》附含大量精美的建筑图样，从整体到局部应有尽有，与现代的建筑绘图极为相近。《红楼梦》描写大观园营建，特别在第十六回借贾蓉之口提及："从东边一带，借着东府里花园起，转至北边，一共丈量准了，三里半大，可以盖造省亲别院了，已经传人画图样去了，明日就得。"后来第四十一回宝钗也曾经说过："原先盖这园子，就有一张细致图样，虽是匠人描的，那地步方向是不错的。"

清代样式房主持皇家建筑设计，均绘制图纸、制作模型，并另有文字记录。其模型大多用硬纸板按照1:50或1:100的比例做成，因为制作时需要用烙铁熨烫成型，故称"烫样"。图纸内容囊括总平面图、单体平立剖面图、透视图以及装修大样图等所有类型，其中平面图统称“地盘画样”，立面图与透视图称“立样”，剖面图称“大木样”。这些图纸根据其精度和用途又分为几种不同情况：设计过程中推敲方案时画的草图称“糙样”，样式房留作资料的图称“底样”，最终上交主管官员和皇帝、太后审阅的成图称“进呈样”。进呈样绘制最为精细，不但线条讲究，而且往往加以彩墨渲染，贴有黄绫标签，详细标注尺寸，并予以装裱。

清末丧乱，样式房衰败，雷氏也逐渐没落，辛亥革命后彻底失业。家族后人为生计所迫，只好变卖祖先留存的各种图档，在市场上一时炙手可热。民国初年，由朱启钤先生创立的中国营造学社独具慧眼，认识到这些图档的宝贵价值，不但主动买下部分精品，还发动当时的文化机构和学者积极予以收购，后由北平图书馆（国家图书馆前身）购入大部分样式雷旧图、烫样和文稿，其余部分则散落于国内外博物馆、大学与私人手中。20 世纪末叶以来，样式雷图档日益受到学术界的重视，并于 2007 年正式被联合国教科文组织列入“世界记忆遗产”名录。

《圆明园中路天地一家春立样图》是一幅典型的样式雷进呈样，长 123 厘米，宽 65 厘米，尺幅较大。究其内容，既展现了天地一家春各单体建筑的立面图（立样），又是一张建筑群的总平面图（地盘样）——在总平面上将各单体建筑绘为立面形式，是古代东西方都很常见的表现方式，不足为奇，其优点是可以兼顾整体格局和单体形象及其朝向。现存样式雷图中立样的比例很低，彩色者更少，像这样的大幅立样彩

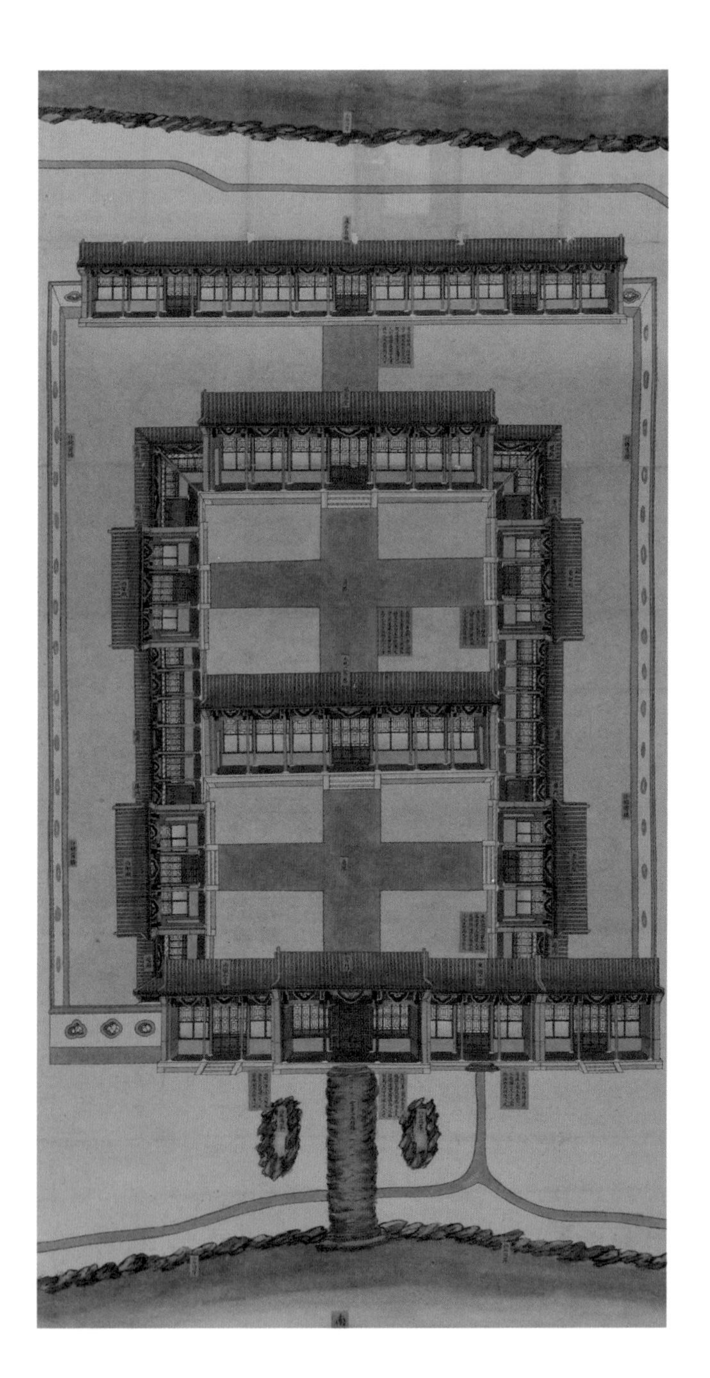

《圆明园中路天地一家春立样图》（清华大学建筑学院藏）

《圆明园中路天地一家春立样图》中的后罩殿泉石自娱

《圆明园中路天地一家春立样图》中的宫门

《圆明园中路天地一家春立样图》中的游廊

《圆明园中路天地一家春立样图》中的正殿

卷轴上的图签与梁思成先生签名

绘全图则是寥若晨星。此图无疑属于古代建筑图样精品中的精品，因此得到梁思成先生特别的青睐。

从立样图看，天地一家春建筑群南侧依临前湖水岸，地势稍低，以一组山石铺路，延伸至宫门前，黄签上标注“云步山石踏跺”，左右对称各堆有一座假山石峰。南设宫门三间，东西两侧各带三间顺山房，东顺山房东侧又设三间倒座房，西顺山房一侧却不再设置，而且仔细辨别可以发现，东顺山房的台阶用天然的山石堆叠，而西顺山房的台阶则是规则的石砌踏步。这是为了故意打破严格对称的模式，在细部体现出园林建筑的微妙变化。

整个建筑群分为内外两圈院子，外院主要以白色粉墙围合，上面开凿各种形状的漏窗，标为“什锦窗墙”。白粉墙为江南、徽州地区建筑的主要特色，与其青山秀水相得益彰。北方多风沙，建筑很少采用这样素净的墙面，多以耐脏的灰砖墙或黄色虎皮石墙构筑。这里出现粉墙漏窗，明显是受到江南园林的影响。

主院分为前后两进，均以建筑和游廊围合，格局相似，院内都铺有十字形的甬道，北面分别坐落七间正殿和七间后殿，东西各设三间配殿。最北是十五间的后罩殿泉石自娱，其后即为后湖岸边。院中没有种植任何花木，感觉有些清冷。

图上黄签注明了主要建筑的尺寸。三间宫门各面宽一丈（3.20 米），进深一丈四尺（4.48 米），前廊深五尺（1.60 米），后廊深四尺（1.28 米）；天地一家春殿七间，明三间各面宽一丈（3.20 米），次稍间各面宽九尺三寸五分（3.05 米），进深一丈四尺（4.48 米），前后廊各深四尺（1.28 米）；承恩堂与正殿尺寸一致，不再另注；泉石自娱殿中间十一间各面宽一丈（3.20 米），两侧四间各面宽八尺（2.56 米），进深一丈二尺（3.84 米），前后廊各深四尺（1.28 米）；前后院的东西配殿均面宽一丈（3.20 米），进深一丈二尺（3.84 米）。这样的尺度明显小于紫禁城中的后妃寝殿，与普通的北京四合院比较接近。大体来说，紫禁城中寝殿都以宏敞华丽著称，体现了很强的仪式性和象征性；而离宫御苑中的寝殿则以小巧素雅见长，更强调实用性和宜居性。天地一家春中的殿堂建筑也反映了这个典型的特征。

图上对每座建筑的屋瓦、墙体、台基、踏步、柱子、檩枋、椽子等构件全部刻画精细，一笔不苟。所有的建筑都采用卷棚硬山屋顶。所谓硬山，就是最简单的两坡屋面，前后檐悬挑而出，左右两侧则到山墙的位置为止，在古建筑所有屋顶形式中等级最低，常用于府邸、住宅以及宫殿、皇家园林中相对次要的殿宇。所谓卷棚，就是屋顶最高处不设正脊，而是呈弧形的断面，园林中最为多见。

宫门中央一间装设两扇红漆板门，门上画了兽头形的铺首，两侧次间装设四扇槅扇窗。其余殿堂建筑都装有槅扇门，窗户则是分为上下两扇的支摘窗。游廊面朝院子一侧保持开敞，后墙安装了四组绿漆屏门，其余各间也装槅扇窗。窗棂的图案都是北方流行的“步步锦”式样。

中国古建筑为了防潮防腐，一般都会在木构件外面涂上油漆和彩画，同时也有美化装饰和显示等级的功能。这组建筑除宫门以外的建筑柱子都刷绿色油漆，檐下均绘制苏式彩画，进一步表现了园林建筑的个性。苏式彩画是清代彩画中等级最低的一种，通常在中央位置先画一个接近半圆形的图框，称作“包袱”，包袱里面画各种山水、人物、禽兽、花卉，内容极为丰富。从这幅图上也依稀可以看出其图案的变化。

最后值得一提的是，此图原为梁思成先生私人旧藏，用硬木立轴精心装裱，背面图签上有楷书“圆明园中路天地一家春立样图”十三字，梁先生还特别用钢笔在旁边签下“梁思成藏”四字。从某种意义上讲，以梁先生为代表的中国营造学社诸前辈正是样式雷事业的直接继承者，致力于以现代的科学方法研究中国古建筑，成就卓著，享誉世界。他们所完成的古建筑测绘图达到了国际最高水平，也足以与样式雷所绘图样前后辉映。这幅《圆明园中路天地一家春立样图》后由梁先生捐献给清华大学建筑系图书馆，被收藏至今，不但具有很高的文物价值和研究价值，还含有特别的纪念意义。

第二卷

北地烟云

洛阳园圃忆名臣

司马光独乐园
与文彦博东庄往事

中国历史上有许多关于神童的传说，最出名的四则故事分别是孔融让梨、曹冲称象、司马光砸缸救友、文彦博灌水浮球。国家邮政局曾经分别为这些故事发行过邮票和小本票（一种连印装订的邮票小册）。

孔融和曹冲是同时代人，生活于东汉末年，一个被杀，一个早夭，结局都不好。司马光和文彦博也是同时代人，生活于北宋后期，都曾官至宰相。司马光去世后追赠温国公，文彦博生前封潞国公，均被后世尊为贤臣。

司马光和文彦博小时候的光辉事迹同时见载于邵伯温所著的《邵氏闻见录》："文潞公幼时与群儿击球，入柱穴中不能取，公以水灌之，球浮出。司马温公幼与群儿戏，一儿堕大水瓮中，已没。群儿惊走不能救，公取石破其瓮，儿得出。识者已知二公之仁智不凡矣。"

相比而言，文彦博灌水浮球表现的是高智商，而司马光砸缸救友除了机智之外，还反映了处变不惊、敢于担当的高情商，明显更胜一筹。需要指出的是，按照宋人的原文，司马光砸的其实是“瓮”，也就是大坛子，并不是缸——瓮的外壳比缸壁要薄得多，相对容易砸破。

司马光砸瓮的故事在当时就广为传颂,甚至有人绘成《小儿击瓮图》四处发售，另外在宋元时期《冷斋夜话》《北窗炙輠录》《宋名臣言行录》《厚德录》《自警编》《言行龟鉴》等多部笔记中都有记载，后来收入《宋史·司马光传》。但现在的孩子恐怕未必都知道这个典故。1989 年央视春晚有个小品叫“英雄母亲的一天”，是赵丽蓉老师和侯耀文老师演的，里面有一句绕口令般的台词“司马缸砸光”，令人印象深刻。

司马光小时候也撒过谎，被父亲严厉斥责，后终身引以为戒。一个人的聪明脑瓜主要来自先天遗传，但是良好的品德教养一定是后天严格教导的结果，即便司马光这样的天才儿童也不例外。

文彦博比司马光年长十三岁，为官的资历要深得多。两人不但是至交好友，而且同为政坛保守派的领袖，坚决反对以王安石为首的变法派。熙宁变法期间，二人先后移居洛阳，分别在城内营造园林居住，被后世引为佳话。

王安石写过一篇名文《伤仲永》，曾入选中学语文课本，讲述了金溪一个名叫方仲永的神童长大后“泯然众人”的故事。其实王安石自幼也有神童之誉，过目不忘，下笔成文，聪颖不在司马光和文彦博之下。这三位都不是方仲永，小时候了不起，长大后更了不起。

熙宁二年（1069年），神宗任命王安石为右谏议大夫、参知政事，正式开始推行新法。许多保守派大臣被免职或贬官。司马光和文彦博因为名望极高，依旧得到皇帝的器重，但在东京也感到压抑。

司马光先离开首都，于熙宁四年（1071年）来到西京洛阳，以端明殿学士的官职判西京留司御史台，属于闲差，平时主要致力于编撰《资治通鉴》。

熙宁六年（1073年），司马光在尊贤坊北关买了十五亩地，建造了一座独乐园。

李格非《洛阳名园记》记载："司马温公在洛阳，自号迂叟，谓其园曰'独乐园'。园卑小不可与他园班。其曰读书堂者，数十椽屋；浇花亭者，益小；弄水、种竹轩者，尤小；曰见山台者，高不过寻丈；曰钓鱼庵，曰采药圃者，又特结竹杪、落蕃、蔓草为之尔。温公自为之序，诸亭台诗颇行于世，所以为人欣慕者，不在于园耳。"

独乐园中辟有七处主要的景致，与司马光所仰慕的七位古人联系在一起。

正堂名为"读书堂"，兼作书房，取西汉儒学大师董仲舒勤于治学的典故。司马光终生奉儒家学说为正宗，不习佛道，与董仲舒心意一致。堂上陈书万卷，每年夏秋晴朗之际，都会拿出来晒晒。平时司马光读书，必将书册放在方板上，仅以两指轻轻翻阅，因此所有书多年后都仍像从未被触碰过的新书。

宋代佚名绘《独乐园图》（台北故宫博物院藏）

明代仇英绘《独乐园图》中的采药圃（美国克利夫兰艺术博物馆藏）

池中小岛上种植竹子，束其枝叶，模仿渔家棚屋搭建小庐，称作“钓鱼庵”，比拟东汉隐士严子陵的钓台。司马光离开东京后，神宗曾经对辅臣说：“司马先生就是想做严子陵，哪里肯为朝廷做事。”其实这么讲冤枉司马光了，他是因为无法按自己的心愿给朝廷做事，才去做严子陵。

水池东侧有大片药畦，北部种竹如棋盘，将竹梢压低，相互交织形成小屋，称“采药圃”，取东汉隐士韩伯林隐姓埋名、深山采药的故事。司马光在独乐园隐居，想学韩伯休逃名，可是名气反而越来越大，对此苏轼有诗云：“儿童诵君实，走卒知司马。”——“君实”是司马光的字。

园中有水渠萦绕，在屋内分为五股注入小池，定名“弄水轩”，隐喻唐代诗人杜牧在池州游赏的弄水亭。此处水景确实有趣，司马光经常和友人一起临水游戏。水池的北面有六间茅屋，前后种了许多竹子，可以纳凉避暑，叫“种竹斋”，用爱竹如命的东晋名士王子猷旧典。药畦的南面辟为花圃，分种牡丹、芍药和其他花卉，另构一亭，称为“浇花亭”，效仿唐代诗人白居易在洛阳履道坊宅园中酿酒浇花的往事。

特别值得一说的是，园中有一座名为“见山台”的高台，台上凉风习习，是夏天读书、睡午觉的好地方，登台还可远眺城外群山，视野开阔。目前可见的所有版本的古籍所记司马光《见山台》诗均为：“吾爱陶渊明，拂衣遂长往。手辞梁主命，牺牛惮金鞅。爱君心岂忘，居山神可养。轻举向千龄，高风犹尚想。”唯有美国克利夫兰艺术博物馆和台北故宫博物院所藏两种明代文征明行书《独乐园七咏》写作“吾爱陶隐居”，似乎差别不大。所有研究者都相信此景借用了东晋诗人陶渊明“悠然见南山”的典故，但其中内容与大家熟悉的陶渊明的事迹似乎不太相干。

最近有学者考证，原来此处的“陶渊明”应为“陶通明”，指的是南朝齐、梁时期著名道士陶弘景。陶弘景字通明，谥号贞白先生，精于炼丹、书画、琴棋、医术，长期隐居句容茅山，

明代仇英绘《独乐园图》中的见山台（美国克利夫兰艺术博物馆藏）

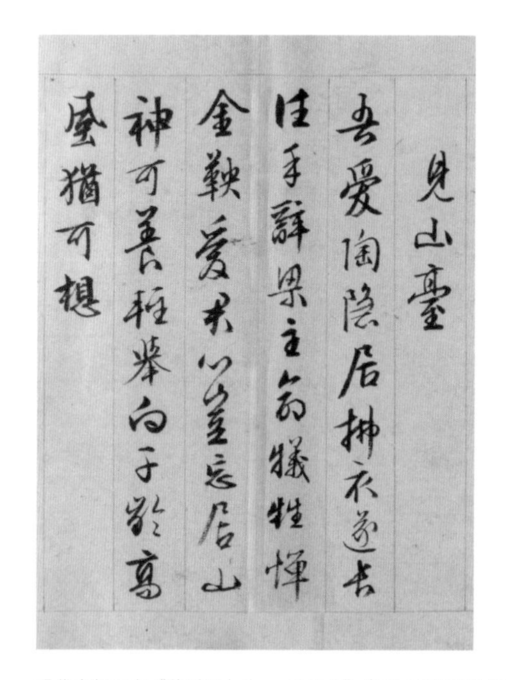

明代文征明书《独乐园七咏 · 见山台》(美国克利夫兰艺术博物馆藏)

传上清派大洞经箓，长期隐居茅山修道却又心系天下，被时人称为“山中宰相”。梁武帝亲手写下诏书，赐鹿皮巾，以重礼聘请陶弘景出山为官，都被辞谢，陶氏还亲笔作画，表示自己本心希望做一头自由自在的田间之牛，害怕做一头祭祀用的牛，套上金饰皮带，被人驱赶。《庄子 · 秋水》曾说过，乌龟宁可在泥潭中摇着尾巴爬行，也不愿去庙堂上充当神圣的供品，大概意思差不多，也和司马光当时的心境颇为契合。

北宋时期的洛阳是全国文化中心，也是天下第一园林名城，公卿、文士、富商之园数以百计，独乐园在其中算是规模较小、朴素平淡者，却因为司马光的人格感召而深受推崇，诗文传唱甚多，见载史册，垂范后世，被视为古代儒臣园林的最高代表。

司马光为人坦荡宽厚，平时水火不容的政敌也佩服他的人品，甚至连辽国的君臣都非常仰慕他的风范。独乐园初成，司马光入住后四处看了一下，发现墙外暗藏着几十支尖锐的竹扦，问怎么回事，身边人回答说这里不是正常的人行之处，埋些竹扦以防盗贼攀墙。司马光说我家里能有几个钱，有什么可防的？况且盗贼也是人，踩伤了如何是好？于是将竹扦全部撤去。

元丰三年（1080年），文彦博拜为太尉，判河南府，也来到洛阳。他对全城的水系进行整治，恢复了漕运河道，也为城内外的园林带来了更丰沛的水景。文彦博的财力远比司马光雄厚，他在从善坊构筑了一座宅园，又在建春门内修建了广达数百亩的东庄花园。

这座东庄前身是唐代诗人沈佺期的药园，后来废弃了。文彦博将这块地买下来，重建园林，定名为“东庄”，以模仿南朝大臣徐勉在建康城外修营东田小园的举措。东庄所在位置恰好是伊水三湾相接之处，虽在城内，风貌却类似郊园，林木森森，大池浩淼，水中种菱角、莲花、蒲草，富有江湖野趣，可以泛舟游览，向东南可远眺嵩山山峰。园内设有四座厅堂，渊映、瀍水二堂高踞水上，湘肤、药圃二堂之间列置水石之景。友人梅挚送来一只华亭鹤，养在园里，平添了几分仙气。司马光曾经为此园题诗：“嵩峰远叠千重雪，伊浦低临一片天。百顷平皋连别馆，两行疏柳拂清泉。”

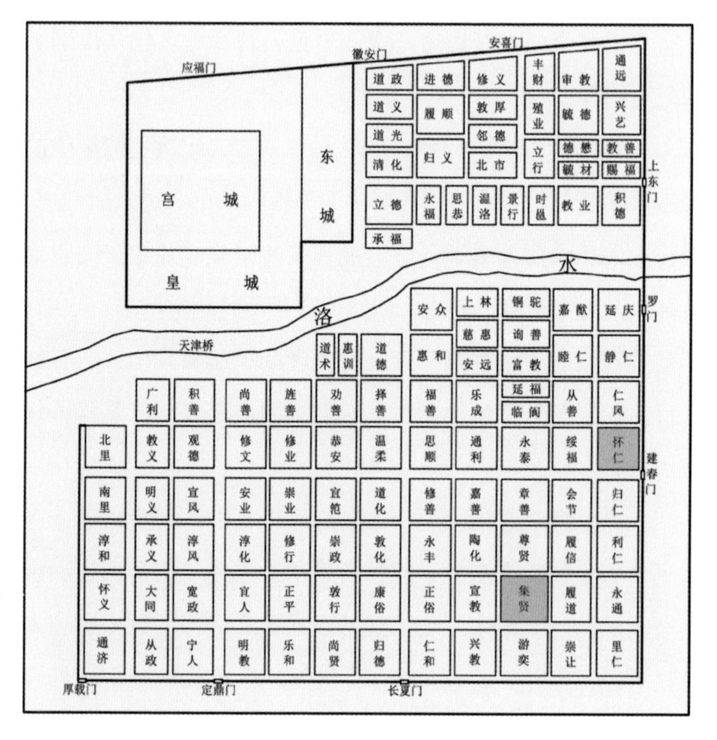

北宋洛阳城平面图（黄晓绘）

文彦博专门组织了一个“耆英会”，邀请洛阳退休官员之年高德劭者在洛中名园宴集，司马光也列席其中。诸老须发皆白，穿戴整齐，与山水花木相映。每次聚会，都引起市民围观，赞为盛事。后来司马光又搞了一个“真率会”，与几位朋友时常小聚，文彦博也想参加，司马光说您老官位太高，让大家感到压抑，还是别来了。文彦博不甘心，有一次听说聚会开始了，直接赶上门来。司马光只好请他入席，还开玩笑说：“这场‘真率会’因为您的到来而变俗了。”

其实司马光本人不喜欢热闹，大多数时间都留在独乐园读书、编书。有一年元宵节，夫人张氏想出去看灯，司马光说：“家里也点灯，何必出去看？”夫人说：“除了看灯，还想看看人。”司马光又说：“难道我是鬼吗？”潜台词是：“去外面看什么人？在家看我就行了。”

司马光与夫人感情很好，终身不纳妾。夫人去世后，他整日在独乐园读书堂枯坐，还在屋梁上用隶书题了两句诗：“暂来还是客，归去不成家。”失去了最亲的人，园林也好，堂宅也好，都不再是家。

元丰八年（1085年）三月，神宗驾崩，在太皇太后高氏的主持下，朝局颠覆，保守派重新得势。司马光先被召回东京，于元祐元年（1086年）拜相，又举荐文彦博复出，拜平章军国重事，共同废除新法，恢复旧法，史称“元祐更化”。

当年九月司马光积劳成疾去世，享年六十七岁。四年后，文彦博退休回洛阳养老，经常在东庄扶杖散步。他又活了七年，享寿九十一岁。

王安石第二次罢相后，退居金陵，在城东门外七里建造宅园，此园距离钟山峰顶也是七里，恰好处于上山半途之中，遂定名为“半山园”，与洛阳独乐园南北遥望，分别被视为新党和旧党的最高象征。王安石后来将园捐为佛寺，神宗赐额“报宁寺”，但民间多称“半山寺”。

徽宗继位后政局再度变更。崇宁元年（1102年），奸臣蔡京拜相，刻立“元祐党籍”碑，将保守派诸臣定为奸党，司马光和文彦博分别名列第一和第二。实际上徽宗内心对司马光的感情很复杂。《齐东野语》记载有一次徽宗在宫廷中与蔡京的儿子蔡攸等人扮戏为乐，持鞭亮相，蔡攸在旁边说："陛下好个神宗皇帝！"徽宗用鞭子打了他一下，说："你好个司马丞相！"蔡攸和他父亲一起贬抑、迫害保守派旧臣，却仍以扮演司马光为荣。

司马光、文彦博和王安石在历史上都享有盛名，但褒贬不一。从政治层面来说，他们其实都是失败者，无论是变法还是恢复旧法，都没能挽救大宋衰亡的命运。

北宋末年金人入侵，于靖康元年（1126年）先占领西京洛阳，之后又占领东京汴梁。南宋前期数十年间，洛阳成为宋金双方反复争夺的焦点，饱受战火洗礼，往日绚丽的园池几乎全部毁于兵火。当时名满天下的独乐园和东庄，都只能在文字和图画中留下一点淡淡的印迹。

夹岸亭台薰荷风

保定古莲花池的八百年潋滟

乾隆二十六年正月，乾隆皇帝奉母亲孝圣皇太后西巡五台山，路过保定。这是他第三次来到这座北方名城，住在城中的莲池行宫里，直隶总督方观承负责接驾，安排得十分周到。

保定历史悠久，北魏太和元年（477 年）在此设清苑县，北宋升格为保州，金朝末年遭遇蒙古入侵，全城被焚。成吉思汗二十二年（1227 年），都元帅张柔移镇于此，重建旧城，在州署的南面开凿了一个莲花池，从城外引鸡距泉和一亩泉水，经东西二渠汇入池中，池上建有一座临漪亭，形成一个别致的风景区。张柔与左副元帅贾辅分别在池边修建园林，著名文士郝经曾经在贾氏园的中和堂居住，而莲花池和临漪亭后来又成为行军千户乔维忠的私家宅园。元代后期保州地区曾遭遇大地震，诸园逐渐颓败。

明代嘉靖年间，保定知府张烈文对莲花池进行整修，重

清代康熙年间《莲漪夏艳图》（贾珺摹自《清苑县志》）

建临漪亭，广种莲花，以此作为保定府署的附属花园。之后历任知府多次予以扩建，形成“荷风十里扑人来”的绮丽景致。

清代保定成为直隶省会，在此设总督署，繁盛更胜往昔。康熙年间，莲花池以“莲漪夏艳”之名列入保定八景，成为本地的公共游览胜地，清苑县令时来敏作诗赞美：“一泓潋滟绝尘埃，夹岸亭台倒影来。”

雍正十一年（1733 年），朝廷令各省设立书院，当时在保定担任直隶总督的名臣李卫在莲花池周边增建讲堂、书屋，建造莲池书院，并点缀亭桥、假山、花木，形成一座景致丰富的书院园林。

乾隆年间出任直隶总督的方观承是安徽桐城人，原本只是一介布衣，曾在平郡王福彭门下当幕客，后来被推荐为官，平步青云，深受乾隆帝信任。他于乾隆十五年（1750年）对莲池书院的园林空间大加营建，以做皇帝临时停憩的行宫。莲花池由此升格为皇家行宫御苑，达到历史上最鼎盛的境地。

园内保持以水池为主体的基本格局，共设春午坡、万卷楼、花南研北草堂、高芬阁、宛虹亭、鹤柴、蕊幢精舍、藻泳楼、绎堂、寒绿轩、篇留洞、含沧亭十二景，匾额多为历代保定高官、书院硕儒所题，内容主要源自儒家经典和古代诗文，既描述景物之美，又阐述儒学之理，措辞典雅，含义深刻。池中小岛成为视觉中心所在，主要景致均环绕水岸而设，或进或退，或开或闭，总体上旷达疏阔，又不乏幽曲深邃的韵味，建筑、假山、池溪、花木无不精心设置，达到很高的艺术成就。

当时莲花池水面总面积达十六亩之广，以大小二池分居南北，东西两侧又有水渠与城内外水系脉络连通，碧波澄清，涟漪荡漾，池上密植荷花，晴天、雨天、月夜各有胜景可赏，还可泛舟游览，虽在城中，却恍如郊野江湖。池中红蕖翠盖，荷香满溢，堪比杭州西湖。

园中设有各种形式的楼阁、亭榭、厅堂和桥梁，中央小岛上建圆形平面的五柱小亭，形如斗笠，名为“宛虹亭”，又名“笠亭”，被视为元明时期临漪亭的继承者。部分建筑采用平台屋顶，上设栏杆，可登可坐，反映了北方园林的特色。这些建筑内外空间可用来宴乐、藏书、读书、拜佛、赏景、幽居、射箭，功能完备。

清代乾隆年间《保定名胜图咏 · 宛虹亭》[1]

清代乾隆年间《保定名胜图咏 · 鹤柴》

清代光绪初年《古莲花池全景图》

1 该页三张图均引自《古莲花池图》。

乾隆二十六年，为了迎接皇帝西巡，方观承除了将莲池行宫修整一新外，还专门令人将十二景绘为一套图册，还把自己与莲池书院教授张叙分别所作十二景诗附在后面，冠名“保定名胜图咏”，进呈乾隆帝。乾隆帝龙心大悦，为十二景各题一诗，并下旨以保定莲花池为蓝本，对北京西郊御苑圆明园的“别有洞天”景区进行全面改造，打造出一片六七分相似的风景。清代皇家园林经常对各地的名园胜景进行仿建，但绝大多数模仿对象都是江南地区的园林，而保定莲花池作为一座北方园林，能够在圆明园中得以重现，是难得的特例。

乾隆之后，嘉庆帝也曾西巡临幸莲池行宫。到了道光年间，朝廷虽下旨裁撤行宫，但莲池书院和园林依旧保留，历任直隶总督、布政使分别予以重修，景物更为繁密，一些建筑也被改建。

光绪二十六年，八国联军入侵，慈禧太后和光绪帝仓皇西逃，英、德、法、意四国军队追至保定，驻扎十个月之久，大肆烧杀抢掠，莲花池建筑大部分被毁。

第二年两宫回銮，直隶总督袁世凯在莲池旁边的永宁寺遗址建造新的行宫。光绪二十九年（1903 年），为了迎接两宫巡幸，袁世凯又重修莲花池作为帝后临时驻跸的御苑，由于财力所限，只恢复了部分景物。

后来直隶按察使胡景桂在园址内修建房舍，以办新式学堂。光绪三十二年（1906 年），直隶布政使增韫令清苑县令汤世晋将莲花池改为公园，次年直隶总督杨士骧筹款继续重建了一些建筑，还建造了一座西式风格的直隶图书馆。此时

清代光绪晚期《莲池行宫图》（引自《古莲花池图》）

园景虽然无法与盛期相比，但融入了一些近代元素，反映了时尚的变化。

民国时期莲花池作为保定公园继续向公众开放。1921年，直隶省长曹锐委派保定警察厅长张汝桐主持莲花池公园整修事宜，并委托末代状元刘春霖写了一篇《重修古莲花池公园碑记》。此后几十年间，莲花池虽有局部维护、疏浚，但因为各种天灾人祸而日渐颓败。

新中国成立后，古莲池被人民政府定为公园，得到有效保护，21世纪以来陆续修复了多个景点，大致接近光绪前期的格局，但规模有所缩小。园中水系分为南北两池，南池狭小呈月牙形，北池广阔近于长方形，二者以东西二渠连通，主要的景物均环水而设，与岸边的杨柳相依。

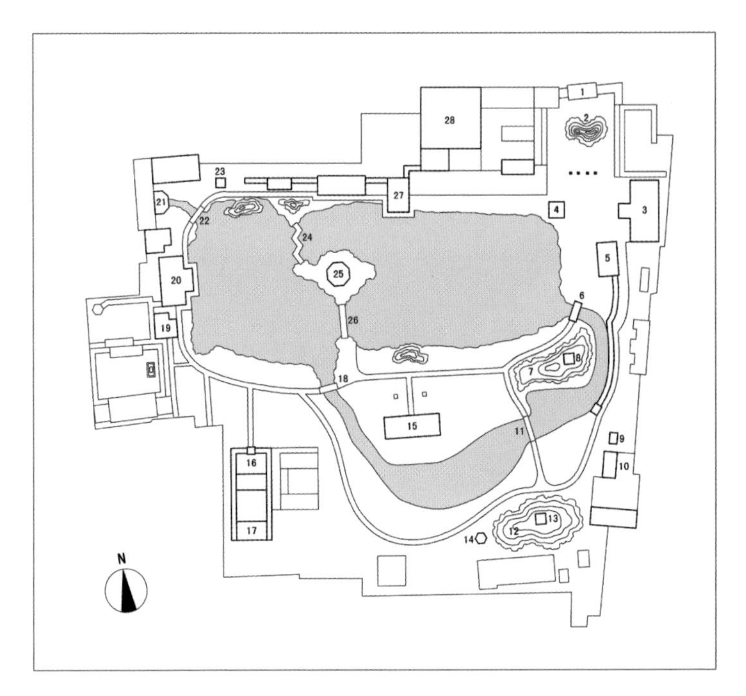

保定莲花池现状平面图

1 园门 2 春午坡 3 直隶图书馆 4 濯锦亭 5 水东楼 6 含沧亭 7 篇留洞 8 观澜亭 9 严树 10 含绿轩 11 三孔石拱桥 12 红枣坡 13 六幢亭 14 不如亭 15 藻泳楼 16 蕊幢精舍 17 藏经楼 18 石平桥 19 小方壶 20 君子长生馆 21 响琴榭 22 小石拱桥 23 洒然亭 24 曲桥 25 宛虹亭 26 宛虹桥 27 高芬阁 28 万卷楼

园林正门位于东北角，门内堆叠大型假山“春午坡”以做障景，显“开门见山”之势，与《红楼梦》大观园门内假山有异曲同工之妙。假山西南为濯锦亭，其对面即晚清所建的直隶图书馆，再南为水东楼，跨桥过渠，可至篇留洞假山，洞穴深邃，其名源自北宋苏轼诗句“清篇留峡洞”，山上建观澜亭。

篇留洞南侧有一座三孔石桥横跨水上，相传为元代遗物。

濯锦亭

过桥至南侧的假山红枣坡，可以登临俯瞰园景，还可以远眺城外的山峰、乡村，视野相当开阔。山上矗立一座方形的六幢亭，山下西侧倚靠着六角形的不如亭，东侧为含绿轩。

南池北岸为藻泳楼，其西有一组两进院落，辟为礼佛场所，名“蕊幢精舍”，南侧建有一座藏经楼。西岸有五间歇山正厅朝东面水而立，前出三间抱厦，民国时期题额“君子长生馆”；厅左右各设小轩，右轩题为“小方壶”，比拟海上仙山琼室。园西北角有一座小榭，名为“响琴”，其下即为园中水系发源处，泉声叮咚，如奏雅琴。

北池北岸较为平直，西段设洒然亭，长廊间有高芬阁和万卷楼凸于水际；北池中央曲桥蜿蜒，通向水中小岛，岛上的宛虹亭已由圆亭变为八角亭，亭南架设拱形的宛虹桥，耸起于水面之上。

篇留洞与观澜亭

三孔石桥

红枣坡

君子长生馆

清代咸丰年间《莲池十二景图 · 蕊幢精舍》(引自《古莲花池图》)

响琴榭

宛虹亭与宛虹桥

此园元初为私家花园，明代转为衙署园林，逐渐演变为公共游览园林。清代雍正年间辟为书院园林，乾隆年间改建为行宫御苑，民国以后又成为现代公园，在八百年的时间里遍历各种不同的园林类型，属于相当罕见的情况。

园中景物较为丰富，却能保持一定的逸趣，同时带有华贵之气。建筑形制考究，亭台楼阁造型丰富，彼此错落，与水池、山石、花木相间，富有层次感，整体风格端庄而不失幽雅，无愧于北方名园之誉。

老去云山欣再睹

清代名臣冯溥与青州偶园

《红楼梦》第七十八回的情节有点突兀，写贾政与门下众幕客闲谈，说到古代有一位恒王镇守山东，喜好练武，也喜欢美女，娶了一位林四娘。后来遇上流寇作乱，恒王遇害，林四娘虽身为女流，却能披甲上阵，率军为恒王报仇，最后不幸战死。

贾政对林四娘极为赞赏，命宝玉、贾环和贾兰叔侄三人各赋诗一首，宝玉所作的《姽婳词》尤其出彩。

林四娘的典故并非作者杜撰，而是另有源头。清代康熙年间多种文人笔记中都提到过这位奇女子，比如王渔洋《池北偶谈》、李澄中《艮斋笔记》、安致远《青社遗闻》等，蒲松龄名著《聊斋志异》中也有一则关于林四娘的故事。

按照这些文献的说法，林四娘是山东青州衡王府（不是恒王）的一名宫嫔，死后化身女鬼，与青州道台陈宝钥有一段纠葛，并没有抗击流寇之类的内容。有红学家考证，曹公很可能是将南明永宁王世子妃彭氏的事迹转接到了林四娘身上——李岳瑞的《春冰室野乘》中记载，清军进攻江西，永宁王父子殉国，彭氏独率家丁联合义军抗击清军，后兵败被杀。也有人认为此事的确切背景是明末崇祯十五年（1642 年）十二月清军袭扰青州之战。

无论林四娘的事迹是否真实存在，明代山东青州确有一座衡王府。第一代衡王朱祐楎是明宪宗第七子，于成化二十三年（1487 年）在青州建藩，弘治八年（1495 年）开始修造王府，四年后建成，与兖州鲁王府、济南德王府并称明代山东三大王府。第六代衡王朱常洓在王府东北角建了一座奇松园，园中广植松树，其中一株粗约十围，尤为称奇。

顺治元年（1644 年）清军入关后很快就占领了青州，末代衡王朱由棷降清，两年后以私藏印信等罪名被处死，王府被抄没，不久即拆改为兵营。奇松园因偏处一隅，幸免于难，康熙初年转售与青州府同知朱麒祥，成为接待宾朋的府署花园。

大约在康熙九年（1670 年）前后，这座园林迎来了一位显赫的新主人——当时正在北京担任左都御史、刑部尚书的冯溥。冯溥字孔博，号易斋，其家族出自临朐，先祖冯裕自明代嘉靖十三年（1534 年）起定居青州，旧宅就位于衡王府的东边，与奇松园算是邻居。冯溥是冯裕的第六代孙，自幼对此园十分熟悉，故而出资购买，用作日后回乡养老娱情之所。

冯溥本人于顺治四年（1647 年）考取进士，历任高官，是朝中汉臣的代表人物，与鳌拜等人为首的满族权贵分庭抗礼。康熙帝亲政后重用汉臣，冯溥受礼遇最重，却深感政坛凶险，从康熙九年开始就不断上疏请求退休，却一直没有得到批准，所购的奇松园门钥紧锁，游人罕至。

康熙十年（1671年），冯溥晋升为文华殿大学士，位同宰相。康熙十八年（1679年），朝廷开博学鸿词科，冯溥担任主考官，所取之士皆自称“冯氏门生”，奉冯溥为文坛宗师，其声誉之隆，天下无匹。

冯溥在北京外城广渠门内造了一座别业，堆土山，辟荷池，种有大片柳树而不杂他树，富于自然野趣，成为京城一大名园，题为“万柳堂”，又名“亦园”。此园围墙低矮，平时不设看守，不置门锁，任人游玩，有若公园。冯溥经常与文官、墨客在园中举行各种雅集活动，作有大量诗文，传唱一时。

康熙二十一年（1682年），冯溥年已七十三岁，终于获准以太子太傅的官衔致仕，回到故乡青州。他在奇松园旧址上进行重建，并将新园定名为“偶园”——这个名字与北京的亦园同样都含有“偶然”的意思。园中正堂名为“佳山堂”，也用作全园的代称。离京时康熙帝曾赐有一首御制诗，称“草堂开绿野，别墅筑平泉”，将这座偶园比作唐代名相裴度和李德裕在洛阳所建的绿野堂和平泉山居。

冯溥在偶园中生活了十年，于康熙三十一年（1692年）以八十三岁的高龄辞世。其间与家人、朋友、门生在园中流连玩赏，悠闲自在，留下了不少诗作，汇成《佳山堂诗集》，其中一首《初归游佳山堂园》云：“园行策杖更扶孙，笑指松

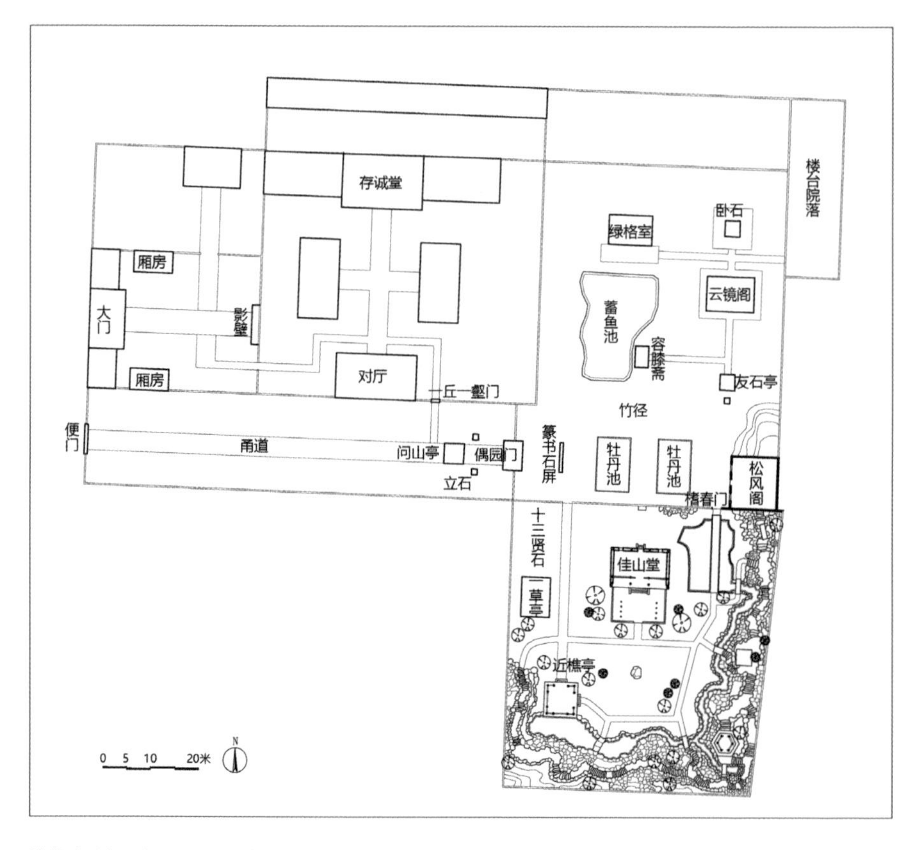

清代中叶偶园复原平面图（黄晓、贾珺绘）

筠旧植存。老去云山欣再睹，醉来俯仰竟忘言。漫愁薄殖田无获，且喜闲居道自尊。回首尘劳筋力尽，谁知养拙是君恩。”诗中表现了自己清雅的生活状态和对君恩的感戴之情。吴农祥、徐林鸿、毛奇龄等六位门生经常来园中拜会，酬唱最多，合称“佳山堂六子”。

冯溥身后，此园由其子孙继承，当地人称之为“冯家花园”。乾隆年间，冯溥重孙冯时基写了一篇《偶园记略》，详

偶园松风阁与楮春

细记述了园中的诸般景致。

园在宅第东侧，分为南北两个院落，西边有一条长长的甬道，连接临街的便门和北院西南角的园门。园门原设有四扇篆字石屏，为明代高唐王朱翊镶所书。屏风之东对称布置两座牡丹花池，围以石栏杆。北辟一条竹径，通向友石亭，亭北为云镜阁，亭西为容膝斋，斋后设鱼池，池北建绿格室。北院东南角有一座松风阁，底层为砖石所砌的暖室，上层为木结构楼屋。

院内设立多座形态美妙的奇石，大多是衡王府的遗物，其中以友石亭前的太湖石最为珍贵，云镜阁之北另有一块卧石长七八尺。目前北院只有松风阁的底层和“福、寿、康、宁”四尊奇石仍在，其余建筑、水池、山石都已经消失。

南院基本尚存，在松风阁西侧院墙上开设圆门洞，刻“楮

偶园“康”字奇石

偶园石桥与水池

偶园佳山堂

偶园南院假山

偶园南院东北部景致

偶园古柏

春门”额，入门即见一池横亘，水池轮廓近于方形，局部以弧线勾勒。池上跨一座三孔石平桥，雕饰精美。

桥西为佳山堂，三间硬山建筑，面南背北，北侧沿院墙叠有少量湖石，与竹丛相映。南侧辟有平台，以矮墙围合，平台上下尚存一些石雕基座构件和湖石小品。庭院西厢位置原有茅屋“一草亭”，现已不存。西南角建有近樵亭，为三间攒尖方亭。

庭院东、南两侧连绵堆叠假山，中央部位山峰崛起，东西两侧略有起伏，成平坂小冈之态，彼此以山径连通。近樵亭与西麓之间辟有一湾曲池，依临陡壁，山崖上曾设瀑布，形成源头。曲池上跨有石板小桥，沿山脚另有小溪水道蜿蜒往东而去，一直流入东北方池。现在东西两池池水尚盈，但瀑布和溪流均已干涸。东南角山坡上掩藏一座六角形的卧云亭，亭侧有一条山涧，水流可潺潺而下，汇入山脚下的溪流。东北山坡上曾经建有一座斗室“山茶山房”，现仅存方形台基。自此再向北，可沿着山径登上松风阁的屋顶。

此园是较为典型的北方园林，北院的友石亭、云镜阁、卧石，南院的佳山堂与假山中峰，都形成明显的中轴线。建筑数量不多，布局四平八稳。南院的假山为全园主景，主要用青石叠成，石块多经过斫削加工，形态敦厚，整体造型浑朴自然，手法很大气。西部山石中掩藏着曲折的洞穴小径，十分狭窄，宽度仅有60厘米左右；中峰东侧另有一处小石室，可以从石缝中射入阳光。

北院水池较为孤立，南院水景主要对山势起衬托的作用，富于曲折变化，溪流悠长，瀑布、山涧穿插，别有一番韵味。

当年偶园花木繁多，尤其以高大的圆柏和侧柏见长，另有奇松、牡丹、竹林。目前园中尚存一些古柏以及迎春和桂花盆栽，佳山堂西南有丁香一株，春天花开似锦。

嘉庆年间，偶园依然保持鼎盛的面貌，但在道光年间已经明显走向败落。晚清光绪年间，偶园仍属冯氏所有，景致已经荒芜。新中国成立后，偶园收归国有。1950 年辟为益都人民公园，20 世纪 60 年代园中多株明代古柏被伐。20 世纪 80 年代，著名园林学者陈从周先生亲来考察，称赞园中假山为“今日鲁中园林最古之叠石”，并主持了山体的维修工程。21 世纪以来，园景又几次得到重修。

偶园作为一座北方私家名园，先后归属明代衡王府和清代名臣世家，南院大部分幸存至今，相关文献著录丰富，可谓传承有序，弥足珍贵。园中景致独特，与江南园林迥异，还有许多造园意匠和文化内涵有待今人探析。

池台端方化蓬瀛

古风犹存的济宁荩园

位于山东省西南部的济宁是京杭大运河沿岸的一座历史名城，古称任城、汶上、济州，元代改称济宁府，明清时期成为河道总督驻地，南来北往的官员、商贾在此汇集，繁盛一时，被誉为“小苏州”。

苏州以美轮美奂的园林著称于世，济宁同样也拥有深厚的造园传统，明清两朝城内外的园亭别馆星罗棋布，山水亭榭各有佳胜，可惜近代以来大多废毁，声名湮没，无人知晓。只有北郊的荩园幸存至今，其曲折的历史沿革和独特的景致风貌值得关注。

清代嘉庆年间，出身于本地官宦世家的文士戴鉴因为家道中落，移居城北八里的姜家楼，置办了两顷薄田，聊给衣食。戴鉴精通诗画，有很高的艺术修养，虽然生活贫苦，却能苦中作乐，在村里营造了一个简朴的宅园，取名“椒花村舍”。

这座小园便是苠园的前身，占地只有二亩多，主体建筑冷淘轩是一座三间小屋，一间作卧室，另外两间分别储存农具和粮食。院子里种了几十株辣椒，枝干扶疏，秋天果实累累，可以摘下来做菜或制成辣酱，正如其诗中所云："赤色合瓮酱，辣味调盘疏。"此外还有槐树、枣树、梅花、菊花、红豆和艾草相伴，清幽恬淡，仿佛东晋陶渊明的田园再世。所在村落因为戴鉴的缘故改称"戴庄"。

道光十八年（1838年），戴鉴去世，家徒四壁，依靠亲友帮助才得以下葬，椒花村舍被转售与富绅李澍。李澍字东泉、号苠园，出身于本地另一名门望族，家境豪阔，祖父、伯父、兄长均出仕为官，本人也有郎中之衔。他买下椒花村舍后，大加扩建，栽种了十亩牡丹，并改名为"苠园"，又称"东泉别墅"，此园以幽雅恬静见长，成为济宁数一数二的名园。"苠"原指微弱细小的草本植物苠草，蕴含自谦之意，也有"忠诚"的涵义——古人用"苠臣"来形容忠直的大臣。

李澍去世后，选择苠园墙外一侧为长眠之地，其子孙继续经营此园。光绪十三年，李澍的四世孙李善虎将苠园卖给了天主教圣言会。

圣言会是天主教一个重要的修会组织，晚清时期进入中国内地，山东南部是其第一个传教区。光绪二十三年（1897年）发生巨野教案，清廷被迫与德国签订《中德胶奥租界条约》，赔偿巨额银两。济宁总铎福若瑟神父利用清廷赔款，在戴庄购买了更多的土地，修建了一组占地二百余亩的教堂建筑群，包括大圣堂、神学院、修道院、师范学堂、中小学、医院、宿舍等设施，以此作为圣言会中国总会的驻地。

圣言会大圣堂（黄晓摄）

萃园成为教堂的附属花园，用作修士们学习和静养的场所，称“避静山庄”，还在园北新栽大片的糠椴树，辟为“圣林”。宣统元年（1909 年），曾任太康知县的当地文人夏联钰前来游园，作诗云“戴园十亩牡丹开，访艳车驰响似雷”，“树来异国新名译，竹记当年旧主栽”。诗中还提到园中水井上安装了风轮装置，汲水便利。

从清末到民国的几十年间，戴庄教堂成为天主教在华的活动中心之一，在国际上知名度很高，据说从国外写信，只需写“中国戴庄”即可保证送到，而藏在其中的萃园反而逐渐少有人知。但无论如何，这段经历给萃园留下了近代中西方文化交流的特殊印迹，至今海外访客仍络绎不绝。

新中国成立后，传教士陆续回国，戴庄被人民政府接管，利用教会医院旧址先后建设鲁中南疗养院、山东省第四康复医院和济宁市精神病防治院，原有建筑大多得到保存，萃园也基本保持清末面貌，1992 年成为山东省重点文物保护单位，并向公众开放。

花园的东侧原本是一处两进的宅院，第

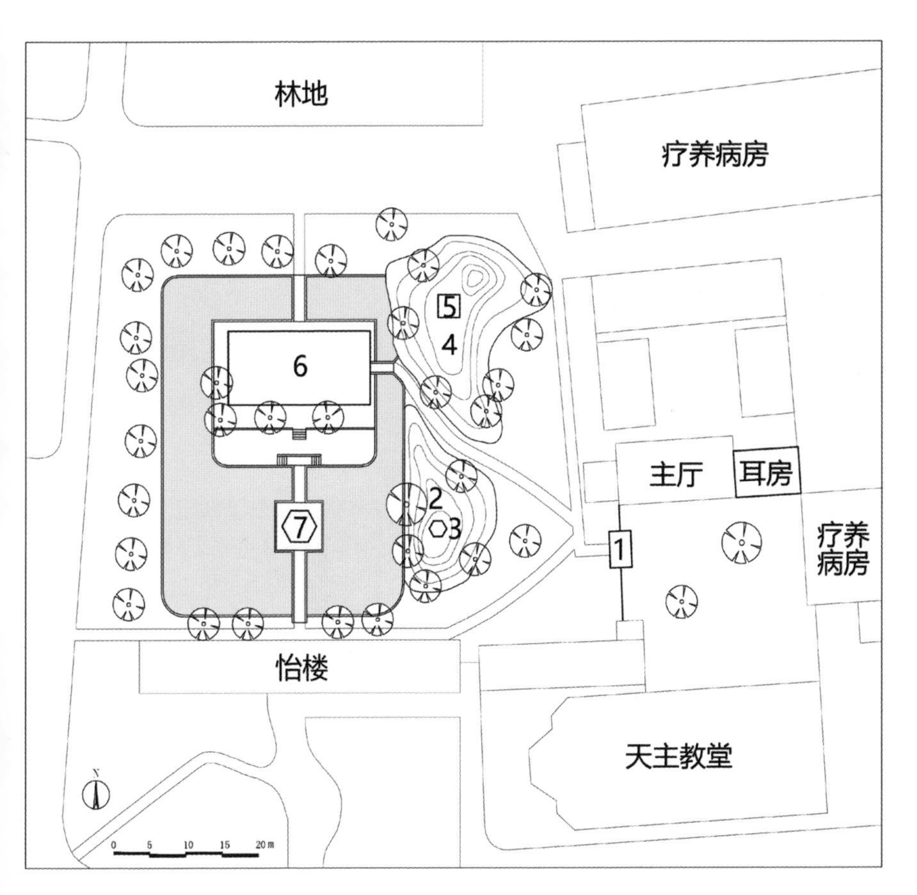

葸园现状平面图 1 园门 2 南山 3 六角亭遗址 4 北山 5 方亭 6 正厅 7 六角亭

一进前院前部已被拆改，其主厅和第二进院保存较好。主厅是一座四开间建筑，东侧带三小间耳房，墙体用当地常见的青砖砌筑，硬山灰瓦顶，具有端庄硬朗的北方特色，与粉墙黛瓦的江南园林建筑迥异。1908 年，福若瑟神父就在耳房中逝世，后人在厅前的绿地中央立有他的雕像，以作纪念。

苠园园门

苠园园门“游目骋怀”匾额

苠园南部假山

苠园北部假山上的方亭

莀园北山上罗列的湖石

莀园正堂、长桥与六角亭

莀园池边古檀树

园门东向，开在南院西墙上，采用歇山屋顶，拱形门洞上有晚清文人夏大观所题“游目骋怀”四字匾额，源自东晋王羲之的《兰亭序》。门两侧砌筑漏空花墙，效果类似江南园林中的漏窗。

入门即见南北两座假山横亘，绵延四十余米，南山略小而北山较大。南山上曾建有一座小巧的六角亭，现仅剩台基；北山上建有一座方亭，山径两侧竖立多株姿态秀美的大型太湖石，在亭东北侧形成最高的主峰。

这两座假山具有类似屏风的作用，称为“屏山”，由于年久失修，叠石略显凌乱。假山下部为凿池开挖的泥土，外部包砌青砖，再于其上叠置蜿蜒嶙峋的山石，点缀亭台，种植花木。山势北高南低，有明显的主峰和余脉，体现了画意对造园的影响。

园中心辟有一座长方形的大水池，四周以砖砌栏杆围绕。池中央偏北处筑大平台，分为三层，上建正堂，五间周围廊歇山建筑，南侧对称种有两株古柏，一挺直，一盘曲，宛如双龙盘旋。平台东、南、北三面各以一座石平桥与对岸相连。南桥最长，中间又筑一座小平台，台上建六角亭。

清代文人吟咏莌园的诗中称颂其景致为“尘世蓬瀛”，将之比拟为俗世中的蓬莱、瀛洲。园中以大方池为主景，池中堆叠大小两个平台，分别设置正堂和六角亭，辅以形态奇崛的古树，用象征性的手法展现了“海外仙岛”的主题。这种水台敞厅的模式最早可以追溯到商周、秦汉时期的“高台厚榭”，后世较为罕见。

园中尚存多株古树，春夏之际遮天蔽日，大有隔绝尘嚣的意境。除了正堂前的一对古柏之外，假山上还种植了十余株柏、柳、槐等高大乔木，颇有山林葱郁之气。池岸多为柳树，点缀几株古檀，枝干大多垂向水面，其中一株檀树的浓茂枝叶几乎将半个水池遮住。正厅北侧的大片林地包含银杏、黄连、朴树和糠椴等众多百年以上的古树，其中最著名的是两株树龄高达二三百年的流苏，每到春日，满树繁花似雪，令人称绝。

莧园的总体格局明确强调中轴线，显得方正端庄，正是北方私家园林的典型风格。全园建筑物数量不多，空间比较疏朗，于简洁之中蕴含着幽雅的情趣。值得一提的是，在明末之前的南北园林中，开凿方池与罗列石峰的现象都比较常见，被造园名著《园冶》归纳为“池凿四方，峰虚五老”。后来，江南园林逐渐摒弃这类做法，但在北方园林中依然延续这个传统，莧园就是一个典型的例证。

楼馆如画映山池

晋商修建的太谷孟家花园

位于晋中盆地的山西太谷县城始建于北周武帝建德六年（577 年），历史超过一千四百年，明清时期商贾辈出，是晋商重要的发源地，有“金太谷”的美誉，地位尚在祁县和平遥之上。

昔日太谷的晋商除了热衷于营造庞大宅院之外，还喜欢修筑园林，位于县城东郊的孟家花园就是其中的杰出代表，至今仍有遗迹可寻。

孟氏祖籍山东济宁，元朝至正年间迁居太谷，逐渐发迹，成为当地显赫的世家，在城内拥有几十座钱庄、布庄、粮店、当铺，商号遍布全国，富甲一方，而且子弟纷纷科举中试，登上仕途。孟家在太谷城中的东大巷、上官巷和东岳庙巷分别建造宅园，清朝雍正年间曾任盐政官员的孟周衍辞官回乡，在城外另建花园作为避暑之地，又广设田垄菜圃，兼有庄园的属性。

花园所在位置西邻县城，南望凤山，东北有乌马河环绕，环境优美，算是一处上佳的地段。全园占地面积约 33 亩，规模宏阔，主要的建筑院落和山水景致位于中部，其余空地多辟为瓜棚、菜圃和农田。

晚清时期，孟氏家道中落，族人争产剧烈，为了避免花园被瓜分，决定在园内设置“天后圣母楼”，供奉天后（即妈祖）像，以保佑孟氏家族经营的水上运输生意顺遂。从此，花园成了家庙，孟家后来又一度打算在园中开辟家族坟地，但并未实施。

光绪二十六年爆发义和团运动，太谷也发生教案，六名欧柏林传教士被杀。事后，孟氏后人孟儒珍被迫将花园无偿出让给美国基督教公理会，在此集中安葬了太谷、汾州教案的殉道者，并利用“庚子赔款”在园内创办了一所贝露女子学校，一座私家园林由此变身为新式校园。

光绪三十一年（1905 年），留学回国的太谷人孔祥熙在家乡创办山西铭贤学校，最初校址位于县城南关的明道院，后来因为不断扩招，校舍不足使用，便于宣统元年与贝露女子学校互换校园，迁入孟氏旧园，增建韩氏楼、亨兰图书馆、嘉桂科学楼、教室等建筑，在花园中扩建曲尺形水榭、四明厅，学校占地面积增至 3.5 万平方米。美国建筑师亨利·墨菲（1877 年—1954 年）主持设计了图书馆和科学楼，采用飞檐翘角的中国传统形式，与旧园风貌相协调。值得一提的是，这位建筑师也是清华大学、燕京大学、金陵女子学院等著名近代学

铭贤学校大门旧景（引自《太谷县志》）

府的设计者。

此时花园作为铭贤学校的核心区域，景致更胜从前。其北部以庭院建筑为主，南部以假山水池为主，呈现出北密南疏的布局特点。园北侧设东西两个入口，由此可进入北部的三路院落。

东路最北为五间硬山卷棚顶楼阁，外临街道，是当年孟家的当铺店面；其南为五间过厅，当年曾用作当铺掌柜、店员的住所；再南为五间高大的歇山顶绣楼，底层存放各种花木盆景，上层四面开窗，为孟氏女眷休憩观景的地方。东路南部院落两侧皆为花墙，墙上辟月洞门楼；北院中原有老槐与枸杞各一株，另外设有花畦，种植丁香、榆叶梅、连翘等花灌木。

中路最北的天后圣母楼为三间楼阁，南出一间抱厦，梁枋、斗栱和外墙上都带有精美的雕饰和彩画，表现出富丽堂

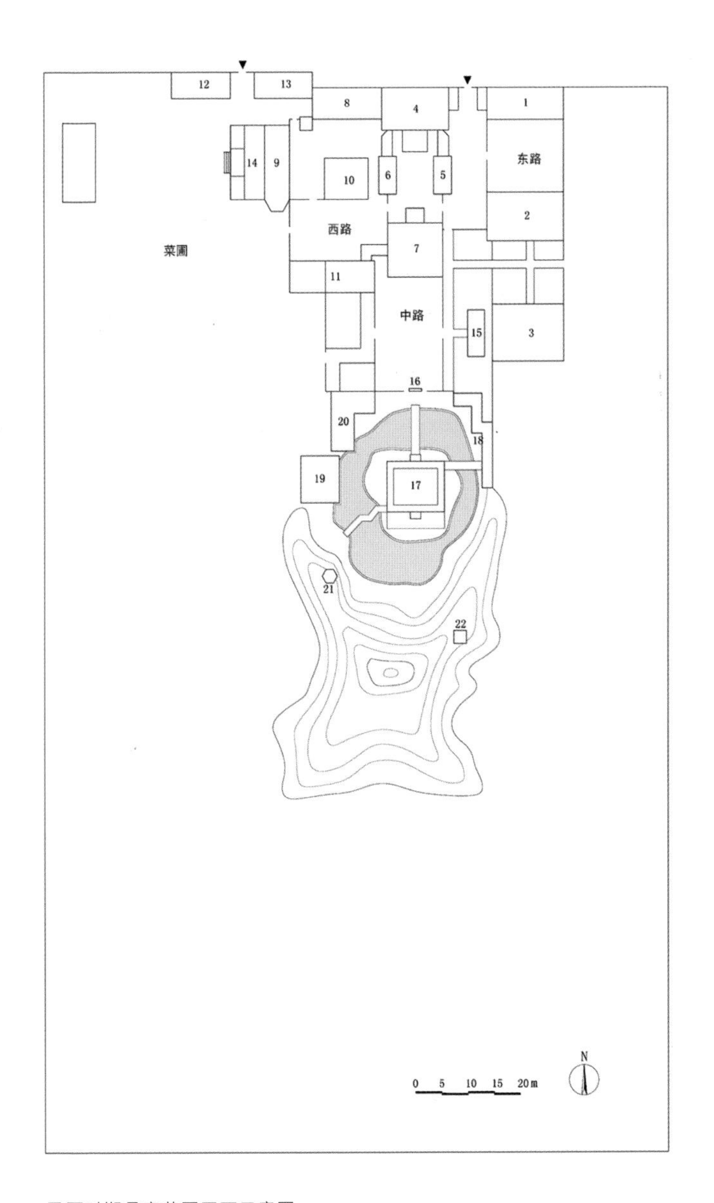

民国时期孟家花园平面示意图

1 东路铺面楼 2 东路过厅 3 东路绣楼 4 天后圣母楼 5 中路东厢房 6 中路西厢房 7 尚德堂 8 卧房 9 中路西厢房 10 书斋 11 歇山花厅 12 马厩 13 厨房 14 平顶轩 15 洛阳天 16 色映华池牌坊 17 四明厅 18 曲廊 19 迎宾馆 20 曲尺形水榭 21 六角亭 22 方亭

天后圣母楼

西路西厢房南端暖亭

皇的气派。抱厦的屋顶处理成中央平顶、周围出檐的“盝顶”形式，平顶部分以雕砖墙围合。铭贤学校时期此楼改称崇圣楼，供奉孔子牌位，以示尊崇儒家传统。院东西建有厢房，院南的尚德堂为三间硬山建筑，南设前廊，北出一间歇山抱厦，与天后圣母楼彼此相对。

西路为内寝区，通过一个门洞与尚德堂所在院落连通。北院北侧为五间正房，曾用作孟氏主人全家的寝室，西南角建有一座两层的方形攒尖顶小阁，为护院家丁所居。西厢房为五间单坡建筑，南山墙突出半座六角亭，以砖包砌，并不开敞，属于“暖亭”性质。院落东北种有一株高大的侧柏，南侧是三间书斋，再南为五间歇山花厅。

西路院落以西地段为菜圃，北面设有车马厩和厨房，东侧设五间平顶轩，前出抱厦，旁依古槐，背后与西路院的西

尚德堂

厢房紧贴。

东路院与中路院之间有一个狭长的跨院，其南部用矮墙围合成独立的小院，院中建有三间小轩，名“洛阳天”。

中路尚德堂以南，沿轴线布置一座木牌坊，上悬“色映华池”匾额。牌坊之南为假山水池所在，池中央筑岛，岛上有四明厅，为三间厅堂，带前后廊，厅北设长长的石拱桥与牌坊相连,东侧有石平桥通向曲廊,廊下的涵洞即水池入水口。厅西南侧另有曲桥通向西岸，西侧建有一座迎宾馆，其北为曲尺形的水榭。

水池之南为大假山，中央为主峰，东西伸出两翼环抱水池，这与太谷县城三面群山围合的态势颇为相近。假山主要采用“以土带石”的方式砌筑而成，还特意在山坡上点缀一些带有孔窍的沙积石，看上去有点像江南的太湖石。假山东

洛阳天旧景[1]

色映华池牌坊旧景

1 该页及右页上图均引自《从私园到校园——山西铭贤学校校景之形成及其特征（1909—1937）》。

假山旧景

曲尺形水榭

西两侧各有一座方亭，登山可远眺凤凰山。

山西地区普遍缺水。孟家花园外侧东北方向有一条乌马河，但河道相距略远，无法直接引水，只能在园内凿井，以解决水源问题。园中水池主要依靠人工汲水注入，水量有限，因此平时水位较低，无法培植荷花、蓄养鱼类，但毕竟可以带来澄净的碧波，为园景增色。遇上枯水时节，池底半干，露出茂盛的灌木杂草，与岸边的斑驳树影相伴，倒也别有一番趣味。假山山腰位置另外开凿了一个小池，山脚砌有石洞连通南北，下雨时可贮水于池，再沿着石壁漏滴至石洞中，叮叮之声不绝于耳，平添几分妙趣。

这座花园在中轴线上布置最重要的楼阁、堂、牌坊、石桥、水池、厅、假山，两侧院落、景致大致对称，同时又表现出一定的变化，正是北方园林的典型布局。诸院形态规整，彼此之间多以一米多高的矮墙分割，空间彼此连通，并无阻隔。

建筑形式非常丰富，或高大，或小巧，或华丽，或朴素，或封闭，或开敞，彼此形成明显的对比，疏密合宜，错落有致。其装饰风格有古朴的韵味，但繁复的雕花、绚丽的彩画以及厚实稳重的青砖墙面依然表现出晋商花园特有的富贵气息。园中植有大量古树，略有密林深处的清幽意境。

1937 年后，铭贤学校一路南迁至四川，花园曾被日寇侵占，遭到破坏。1950 年铭贤学校回迁，1951 年改组为山西农学院，1979 年更名为山西农业大学。昔日的孟家花园作为校园的一部分，其北部的院落和建筑大体保持完整，一些厅堂、楼阁经过重修；南部的水池被填，假山被毁，洛阳天、迎宾馆、石桥均被拆除，古树大半被伐，四明厅、曲尺形水榭、方亭和部分游廊被迁移到西侧，旧貌仅存十之三四，但徜徉其中，仍然可以大致体会到浑朴雅致的独特艺术魅力。

古木萧萧照梵境

明代北京人爱逛的西郊佛寺园林

◎ 京西胜地

北京位于华北平原的北端，地势西北高，东南低，西郊群山属于太行山的支脉，丘壑起伏，富于水泉，植被茂盛，其东侧有大片平地，河流萦回，农田鳞次，自然条件十分优越，历代王朝在这一带陆续修建了大量佛寺，这些佛寺往往兼具佛寺园林的属性。

佛寺园林是中国古代重要的园林类型之一，一般附属于佛教寺院，除供僧侣日常使用之外，还向公众开放，是古代城乡居民生活的重要载体，与皇家园林和私家园林相比，具有更强的公共性，同时又反映出特殊的宗教文化内涵，其景观面貌别具特色。

西晋时期，北京城名“蓟城”，已经在西郊的山区建造

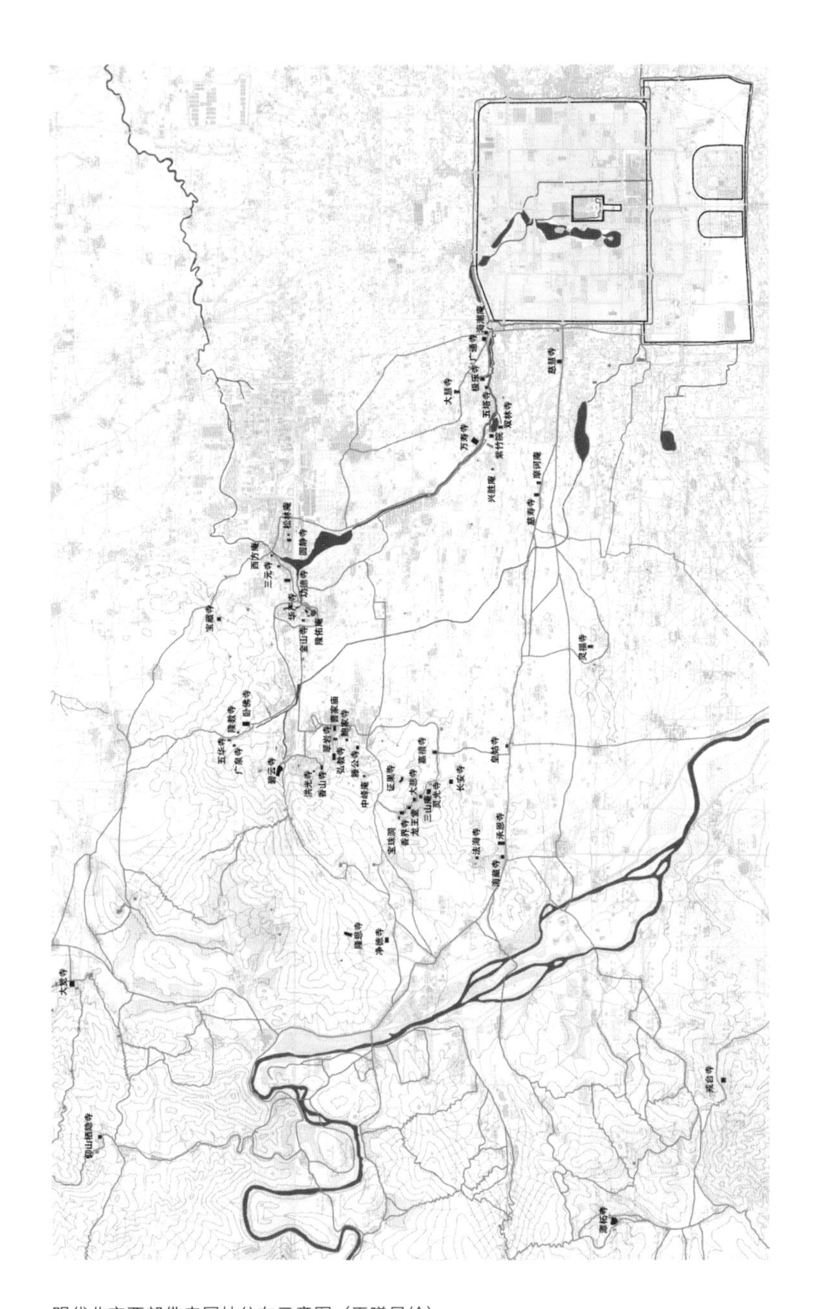

明代北京西郊佛寺园林分布示意图（王曦晨绘）

嘉福寺，此即潭柘寺之前身。唐代初年，西山地区出现慧聚寺等佛寺。辽代在西山一带创建清水院等寺院。金代后期对中都的西郊有更大规模的开发，金章宗在香山等处结合各大佛寺设有八大水院，并多次游幸。元代科学家郭守敬主持建设大都的水系工程，开辟金河和长河两条平行的水道，分别引昌平神山和玉泉山的泉水，使之经西郊地区蜿蜒流入城内，保证了城市用水和水上运输的需求，同样也促进了沿途山地和平地的园林发展。元代统治者崇信藏传佛教，在西郊建造碧云寺等名刹，景致更加丰富。

元末受战乱影响，北京西郊的佛寺一度衰落。永乐年间，成祖朱棣迁都北京，之后的历任皇帝除了世宗之外都大力弘扬佛教。北京西郊诸山、西湖、长河一带开展更大规模的佛寺建设，出现了很多景致幽美的寺院庵堂。这些佛寺园林无论后世如何演变，或存或废，其基本面貌大多由明代奠定，相关营造工程与皇室和宦官有密切关系。

明代皇室屡次敕建或出资重修佛寺，万历年间神宗与其母李太后尤其热衷于此，京西多座佛寺皆由其捐建而成。

明代宦官势力很大，并以豪富著称，经常捐出巨额资金修营佛寺，如正统年间范弘建香山寺、正德年间于经建碧云寺、成化年间郑同建洪光寺、嘉靖年间暨擢建极乐寺、万历年间冯保建双林寺等。这些寺院往往殿堂华丽，并包含园林景观在内，成为所在地段的一大名胜，寄托祈福之意，捐资者死后则成为其安葬之所，由僧人替代子孙守墓祭祀，故称“坟院”。

北京西郊也有不少佛寺由僧人自行募资或由官员、文人、富户出资建造。很多寺院在完整的殿堂规制之外，往往从选址、布局到叠山、理水、花木培植、小品设置乃至借景等各个环节致力于寺内外的景观塑造，并向公众开放，平时香火兴旺，游人如织，彼此遥相呼应，形成了明代北京城外最重要的游览风景区，受到当时社会各阶层的厚爱。

◎ 名刹佳境

按地形特征，北京西郊可以分为广义的西山地区和西山以东的平原地区两大区域，均属于明代宛平县辖境。前者泛指西郊诸山，由北至南，包含妙峰山、阳台山、香山、翠微山、卢师山、玉泉山、瓮山、马鞍山、潭柘山等；后者地势平坦，长河横贯，从西直门、阜成门至西山之间辟有两条干道，村落田圃相望。两个区域内均分布若干佛寺园林，并表现出不同的景观风貌。

极乐寺位于西直门外长河沿岸，由明代宦官暨擢个人出资创建于嘉靖二十七年（1548 年）至二十八年（1549 年）。全寺分为三路，中路为殿堂僧舍，正殿前有四株古松；东路设为独立的园林，中央建有国花堂，其南为大片牡丹花圃，北临水池，再北为叠石假山，松荫遮盖，山上建有一座雨花亭，院东另有一座三层楼阁，毁于万历年间的一次火灾。

真觉寺俗称五塔寺，位于白石桥东侧长河北岸，以形制特别的金刚宝座塔为主景，辅以清泉、苍松、翠竹，寺外河堤的柳色也是重要的观赏对象，王樵《登真觉寺浮图》诗赞道：

真觉寺金刚宝座塔旧影（引自 *Peking The Beautiful*）

“古寺不知年，松竹无近趣。老僧摘春芽，龙钟坐高树。客影碌碌然，步步追春天。石阁三层上，金刚五座连。”

万寿寺始建于万历五年（1577 年），由李太后捐资，大太监冯保督造。寺北有独立的园林，挖池取土，筑成假山，山上建观音、文殊、普贤三大士殿，池上建有一亭，假山后有大片菜圃。

摩诃庵位于阜成门外八里庄，始建于嘉靖二十五年（1546 年）。寺中有高轩幽室，种柳、榆、松，另有楼可望西山，后被魏忠贤下令毁去。

元代天历二年（1329 年）在瓮山泊（西湖）北岸建造大承天护圣寺，高丽人所著《朴事通》记载其中建有两座琉璃楼阁，阁前水池种植荷花，是一处精美的寺庙园林，后来毁弃。明代宣德二年（1427 年）重建，更名功德寺。寺中保留元代所建的三座临水平台，成化年间建毗卢阁，成为主要的景观建筑和凭眺之所，明代好几位皇帝曾经登临。

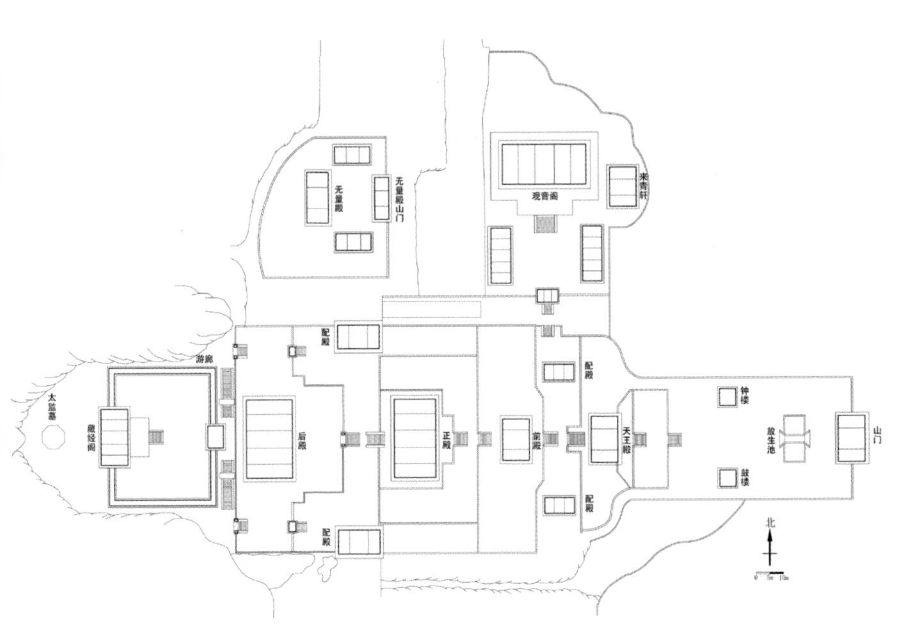

明代香山寺平面推测示意图（王曦晨绘）

香山寺位于香山东坡，坐西朝东，相传始建于辽金时期。明代正统年间司礼监太监范弘捐资重建。寺院主体庭院居南，分为五进,依次升高,山门内设有放生鱼池。北部有独立院落，东、北两侧围墙呈弧形，院中主体建筑为观音阁，东侧建来青轩，被明代人评为香山最佳观景地，号称“京师天下之观”。

碧云寺位于香山寺之北，正德十一年（1516 年）由太监于经在元代碧云庵的基址上重建而成。全寺坐西朝东，分为三路，中路为六进殿堂，北路为附属园林，内有一眼天然名泉“卓锡泉”，泉上架屋，叠筑石洞，前辟方池，旁建幽亭。

卧佛寺位于香山北部的聚宝山脚下，始建于唐代，历代屡次重修。其殿宇庭院相当规整，天王殿前有一株娑罗树，

八大处旧影（引自《逝去的风韵——德国摄影师镜头下的老北京》）

戒坛寺旧影（引自《海因茨·冯·佩克哈默》）

名满京华。另在西北侧山坡上一片平坦的石盘上建观音阁，前设栏杆，下临小池，自成一景。

香山之南有翠微山、卢师山、虎头山三座山峰，合称“小西山”，清代将分布于山间的八座佛寺称为“八大处”，其中证果寺始建于隋代，香界寺、灵光寺始建于唐代，三山庵始建于金代，大悲寺始建于元代，龙泉庵、长安寺始建于明代，最晚的宝珠洞寺始建于清代，但宝珠洞早在明代已经是龙泉庵旁边的一处景点。长安寺位于虎头山东侧山脚下，其余诸寺分处翠微山东坡和卢师山上，各有美景可赏。

戒台寺位于马鞍山，西依极乐峰，唐初曾名慧聚寺，之后屡建屡毁。明代宣德九年（1434 年）至正统五年（1440 年）重建，英宗赐名“万寿寺”，又名戒坛寺，其中砌筑三层白石台为戒坛，又有千佛阁，可以俯瞰浑河。

潭柘寺位于潭柘山，其前身为西晋始建的嘉福寺，明代屡次重修，先后赐名“龙泉寺”“嘉福寺”。《帝京景物略》载寺藏于山林深处，四面被峰石高树围合，建筑在云日之下呈现一片丹碧之色，大殿屋顶上的一双鸱吻宏伟艳丽。

此外，隆恩寺位于石景山五里坨磨石口，始建于金代，于正统四年（1439 年）大太监王振重修。寺中有一亭一轩，分别建于竹林之中和蜡梅之侧。嘉禧寺位于小西山杏子口西侧，四面高墙壁立，宛如城防，内部花木极为繁盛。阳台山东麓的大觉寺重建于宣德三年（1428 年），传说其基址为金章宗八大水院之一，以清泉著称。法云寺位于妙高峰东麓，明代末叶依旧保存着金章宗时代的香水院泉池旧景以及古松、银杏。

◎ 理景手法

佛寺园林均依托佛教寺院才得以存在，其园林景观主要体现在三个层次：殿堂之外单独设置的附属园林、寺院内部庭院的园林化处理以及外围环境的借景。

对于北京明代西郊佛寺园林而言，只有部分实例拥有完整意义上的附属园林，但几乎均会通过各种手段营造庭院景观，并积极融入所在环境，成为园林化的寺院。其具体的造园与理景手法强调人工与自然的结合，涉及选址、借景、布局、建筑、叠山、理水、植栽、匾联、小品等各个环节。

佛寺园林首重选址，由此决定其景观经营方式。除了满足僧徒的生活需求、寻求相对稳定的微观气候和避免自然灾害等基本条件之外，主要考虑地形地貌和引水、植被的情况，

碧云寺旧影（引自《中国文化史迹》）

以求易于成景。北京西郊的西山地区“有高有凹，有曲而深，有峻而悬，有平而坦”，类似《园冶·相地》所云之“山林地”；其东的平原地区有“江干湖畔，深柳疏芦”，“团团篱落，处处桑麻”，“平冈曲坞，叠陇乔林”，又类似《园冶·相地》所云之“江湖地”“郊野地”和“村庄地”。长河、西湖沿岸与群山的山脚、山坡和山顶均有寺庙兴建，与自然山水关系紧密，隔绝尘嚣，具有幽静的氛围，同时为了方便香客和游客往来，绝大多数都临近干道。

借景几乎是每一座佛寺园林的最大追求。北京西郊佛寺善于利用周围的山峰、河流和植被，来拓展景观空间。例如真觉寺外有长堤、石桥和茂密的柳树，更多寺院倾向于利用高凸的山坡或营造高耸的佛塔、楼阁、平台来取得广阔的观景视野。

在布局方面，佛寺园林受宗教规制的约束，其主体庭院的殿堂设置都较为规整，园林景观也遵从相应的空间秩序。

万寿寺后园青石假山现状（王曦晨摄）　证果寺秘魔崖现状（王曦晨摄）

北京西郊佛寺园林也不例外，其格局也往往趋于雷同，具有一定程式化的倾向，远不如皇家园林和私家园林那样千变万化。位于山地的寺院可以利用地形高低形成参差的景貌，而位于平地的园林则稍显逊色。

佛寺园林专门设置的景观建筑以楼阁、亭、轩为主，除了极乐寺国花堂外，很少像私家园林一样设置专门的厅堂。摩诃庵石楼、兴胜庵明远阁、极乐寺牡丹楼等楼阁纯粹为园林风景而建，而戒坛寺千佛阁、万寿寺宁安阁等楼阁则具有供佛、藏经等功能。亭的数量最多，形式也富有变化。轩可以成为雅集、游憩的场所。此外，真觉寺、慈寿寺中的佛塔本是典型的佛教建筑，同时因为其特殊的造型和装饰成为景观标志。

部分佛寺园林有叠山之举。最典型的例子是万寿寺，其后部堆叠三座假山，象征五台、峨眉、普陀佛教三大名山，与皇家园林模拟海上三仙山的手法十分类似，却具有特殊的宗教涵义。大慧寺明代又名大佛寺，寺后有土石垒成的大假山。碧云寺在北院的泉水之上堆叠石洞，手法更为别致。西山地区的很多佛寺善于利用自然的石壁、石洞，形成凹凸有致的

碧云寺水池今景（王曦晨摄）

近观景致。

北京西郊地区水源丰厚，绝大多数佛寺园林都注意水景的处理。大致来说，这些佛寺园林内部的水景主要分为三种情况：点状的泉眼、线状的溪流和面状的池塘，一些大型寺院则可能形成复合型的水系，动静结合，更显佳妙。

植物配置是明代北京西郊佛寺园林造景的核心手段，几乎每座佛寺都拥有特殊的观赏花木，如卧佛寺的古松、古杨，极乐寺的古松、牡丹，隆恩寺以松桧竹和腊梅著称，嘉禧寺则大量种植海棠、牡丹、芍药。寺院的花木配置手法包含孤植、对植、行植、丛植、密植等各种情况，分别带来浓密的荫盖、遒劲的枝干和繁盛的花海等不同景象。一些古树的树龄早于建寺之初，代代相传，精心维护。来自西域的娑罗树（七叶树）具有佛教象征寓意，得到特别的重视。

明代北京西郊佛寺园林的匾额和楹联相对较少，部分匾额是皇帝御笔所赐，如神宗为香山寺来青轩题写“来青”“望

大觉寺古银杏（王曦晨摄）

都”“郁秀”“清雅”四匾，有点睛之意。寺院中具有景观价值的小品为经幢、香炉、石刻等，大多具有宗教方面的意义。

明清两朝的造园风气颇有不同。相比清代而言，明代北京西郊佛寺园林人工痕迹明显要少得多，建筑密度不高，更强调自然本色和朴素的格调。

◎ 游览活动

佛寺园林在一定程度上具有公共园林的特点。明代西郊是北京城外最重要的风景区，而诸多的佛寺园林则是主要的游赏场所，游人纷至沓来。

明代人游览北京西郊佛寺，主要有两条路线。一条是出西直门，沿长河至瓮山、玉泉山、香山；另一条是出阜成门，沿大道至八大处、潭柘山。这两条线可以通过西山之间的山径连通，也可以延伸到更远的距离。不同的游者可以选择一日至数日旅程，游览单座佛寺或者多座佛寺，形成相对固定的规律。

某年二月十三日，著名学者、官员方应祥出西直门，游高梁桥、极乐寺、真觉寺，

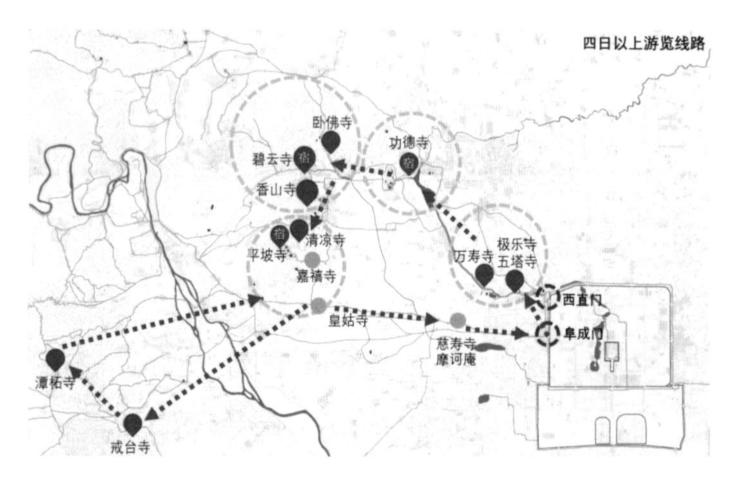

明代北京西郊佛寺园林四日以上游览路线示意图（王曦晨绘）

当日回西直门。这是典型的一日游行程。

正统年间某日，高榖出阜成门，游西湖，在功德寺用餐、饮酒、游逛，游玉泉寺、望湖亭，在玉泉山华严寺住宿一夜，次日游香山寺，然后回城。这属于二日游的线路。

嘉靖四十三年（1564 年）二月，另一位文人官员欧大任花费五天时间游西山诸寺：首日出阜成门，至华严洞，在功德寺住宿、读书；次日游香山寺、金山寺，住南禅寺；三日游平坡寺和某不知名小庵，住善应寺；四日游戒坛寺，并在寺中沐浴、读书、用餐、住宿；最后一日游马鞍山、卢沟而还。

每年春、秋两季一些特殊的节令前后会出现游览高潮，如三月初三上巳节、四月初八佛诞日、八月十五中秋节至九月初九重阳节等。不同时期的赏景活动也可能各有侧重。如极乐寺牡丹非常有名，但花期较短，明人来游，更推崇其中姿态特异的剔牙松，而摩诃庵则以赏杏花为主。有些文人特意选择路途较为艰辛的冬日来游，欣赏寺刹的冰雪风光，如朱孟震曾经于雪后游香山寺，景致与平时大不相同。

明代皇帝也多次以西郊佛寺为拜佛、游幸之地，如宣宗、世宗、神宗都曾经在玉泉山功德寺驻跸，宣宗曾游大觉寺，宪宗曾游平坡寺，神宗曾在万寿寺亭中用膳。

明代官员、文人来到京西佛寺，虽然也会瞻拜佛像，但宗教色彩较弱，更注重观赏风景，并经常以园林为雅集、品茶、宴饮和临时借宿的场所。这些文人在游赏过程中很喜欢表达对远离俗世、静居修行的理想生活的向往。寺僧为了得到更多的香火布施，也经常为上层人士提供茶酒，殷勤侍奉。文人陆釴游功德寺，僧人特意汲山泉泡茶，并送了好几次酒，很有一点现代旅游业的经营意识。

普通居民则往往更看重拜佛、祈福等活动，以游赏为辅，聚众而至，形成具有佛教特色的民俗传统。例如戒坛寺每逢浴佛节，山间到处搭建香棚，人山人海，货摊云集，马嘶狗吠，极为热闹。

佛寺园林内部的建筑、假山、溪池、花木和外围的山丘、林木、河湖都成为观景对象。经过口口相传和诗文流播，很多寺院独具的美景对公众极具吸引力。佛塔和楼阁被视为最佳的临眺场所，几乎所有人都以一登为快。《春明梦余录》记载了一则逸事：极乐寺牡丹园的高楼长期紧锁，有一天进士旷鸣鸾来逛，坚持要登楼，僧人苦劝不听，结果刚上去就突发火灾，旷某来不及下楼，居然被烧死了。

◎ 清代余绪

有明一代，北京西郊地区并无皇家园林，私家园林则有王氏息机园、惠安伯张元善牡丹园、驸马万炜白石庄、外戚郑承宪郑公庄、武清侯李氏清华园、书画家米万钟勺园等名园，而佛寺园林的数量大大超过私园，成为西郊风景区最核心的景观元素。

明末北京西郊遭遇清军入侵，随后被李自成起义军占领，大多数佛寺都受到战火波及，濒于废毁。清代初叶逐步有所恢复，乾隆、嘉庆年间掀起新一轮建设高潮，西郊诸寺复建和新建了许多建筑，格局日渐繁复，与明代有所差异。

清代在西郊先后修建了畅春园、圆明园等离宫御苑，周围环绕若干王公大臣的赐园，香山、玉泉山和瓮山被辟为三山行宫，香山寺、华严寺、洪光寺等古寺纷纷被纳入禁苑范围，失去了原有的独立性。清帝长居西郊离宫，多次临幸长河沿岸和西山的佛寺，真觉寺、万寿寺、功德寺、卧佛寺、碧云寺、大觉寺、戒坛寺、潭柘寺等寺院均设有行宫，对其园林景观也有所增建、改筑。

北京西郊有一些寺院就此荒芜，被人遗忘。还有个别寺院遗址被私家园林占据，如清代光绪年间醇亲王奕譞利用妙高峰法云寺旧址营造自己的陵墓和退潜别墅郊园，当时的环境仍然依稀可见明代旧景。

总体而言，清代北京西郊形成了以“三山五园”为主体的新格局，皇家园林占据了绝对崇高的地位，权贵的私家园林次之，佛寺园林受到较大的抑制，居于从属地位，但依然是西郊风景区不可或缺的组成部分。

咸丰十年英法联军入侵，北京西北郊的皇家园林和王公园林遭到毁灭性的破坏，而佛寺园林大多幸存。之后又经过一百多年的时光洗礼，很多佛寺园林也逐渐破败，但山水环境基本维持旧貌，殿阁亭台、池石竹树之间，大有胜迹可寻。

红消香断有谁怜

北京半亩园与《红楼梦》的渊源

《红楼梦》是一部天下奇书，书中一座大观园占尽风流，山水亭榭美不胜收。自清代中叶以来，至少有十余座南北园林被推测为大观园之原型，颇有“天下名园归大观”之势。

北京半亩园是清代中后期帝都最负盛名的私家园林，与《红楼梦》也略有些渊源，值得一说。

半亩园位于北京东城弓弦胡同（今属黄米胡同），清初为陕西巡抚贾汉复的宅园，传说其中的假山是江南著名文人李渔的手笔。之后花园辗转易手，景致大半荒废。道光二十一年（1841 年），时任江南河道总督的满族显宦麟庆出资买下这座宅园，重加修葺，使之重新焕发光彩。再后来又经历各种沧桑演变，颇有传奇色彩。20 世纪 80 年代初，此园被拆除殆尽，只留下东侧的宅院。

麟庆出身于满族世家完颜氏，祖上屡次出任高官，但并无爵位，远没有《红楼梦》中贾家那样显赫，也从未有女儿像元春那样进宫为妃——光绪年间清宫挑选秀女，麟庆的孙女曾经备选，结果没选上，女孩的哥哥特意写了首诗庆贺，题目叫“贺大妹撂牌子”。

半亩园的宅院和花园加在一起面积不过9000平方米左右，只及《红楼梦》荣宁二府和大观园的零头，二者实在难以相提并论，但依然有一些共性。

曹公并未说明大观园所在的京都究竟是哪里，所描述的园林格局宏敞端庄，偏于北方风格，局部又可见若干江南园林的特点。半亩园本身也是一座北方园林，有明确的中轴线，方位取正，却也同样融入若干江南园林的手法，曲折婉约，富有书卷气。

大观园原是迎接贵妃省亲的别墅花园，其中最核心的建筑是巍峨的正殿，元妃亲笔题匾曰“顾恩思义”，又题对联“天地启宏慈，赤子苍头同感戴；古今垂旷典，九州万国被恩荣”，

半亩园云荫堂旧影（法国阿尔贝·肯恩博物馆藏）

清代孙温绘《红楼梦》“滴翠亭杨妃戏彩蝶”插图（引自《清·孙温绘全本红楼梦》）

表达的完全是忠君感恩的思想。半亩园最重要的建筑是正堂，名为“云荫堂”，所悬对联为“源溯白山，幸相承七叶金貂，那敢问清风明月；居邻紫禁，好位置廿年琴鹤，愿常依舜日尧天”，意思是说其家族源自长白山，世代深受皇恩，不敢风流自赏，现在园址临近紫禁城，希望能永久地托庇于圣上的荫护，其含义与大观园正殿之联如出一辙。

《红楼梦》第二十七回写到一座滴翠亭：“这亭子四面俱是游廊曲桥，盖造在池中水上，四面雕镂槅子糊着纸。”北京半亩园中有一座玲珑池馆，麟庆的后代专门做过改造，也是位于水池中央，四面设游廊，与滴翠亭颇为相似，差别是四面雕镂的槅子上安装了昂贵的玻璃而不是糊纸。

此外，半亩园以丰富的收藏见长，堪称一座琳琅荟萃的私家博物馆。最北侧的书房名为“嫏嬛妙境”，收藏了八万多

半亩园玲珑池馆旧影（引自《北京古建筑》）

恽珠夫人画像（引自《清史图典》）

册珍贵图书，其名让人联想起大观园牌坊上原题“天仙宝境”四字，都是以仙境自比。

麟庆的母亲恽珠夫人出身于江南文化世家，是大画家恽寿平的族孙女，本人精通诗文书画，文化修养很高，有诗集《红香馆诗草》、医书《鹤背青囊》以及《百花手卷》《金鱼紫绶图》《锦灰堆图》《多喜图》等画作传世，还编撰了《国朝闺秀正始集》《国朝闺秀续集》《兰闺宝篆》等书。麟庆从小随母亲读书，被督促甚严，受益终身。

红学家朱南铣先生考证恽珠是一位《红楼梦》爱好者，并与《红楼梦》续书作者高鹗家族有所交往。恽珠诗集以“红香馆”为名，恰与大观园怡红院旧额“红香绿玉”相重。她写过一组《戏和大观园菊社诗四首》，分别题为“种菊”“咏菊”“画菊”“簪菊”，仿《红楼梦》第三十八回宝玉与众姐妹

潇湘小影（引自《鸿雪因缘图记》）

结诗社作菊花诗。她所编《闺秀正始集》收录高鹗之女“红楼外史”高仪凤为其《红香馆诗草》所题之诗，还收录了多首其他清代女性诗人吟咏《红楼梦》的作品。麟庆深受母亲熏陶，对《红楼梦》自然也应耳熟能详。

麟庆获得半亩园并重修时，其母早已去世，无缘得见。园中一处书房定名为“凝香室”，专门收藏恽珠的诗文和画作，麟庆本人诗集随之题为“凝香室诗存”，以纪念母亲的“红香馆”。除此之外，园中有两处景致似乎直接受到《红楼梦》的影响。

一处是潇湘小影，在海棠吟社的西边，种植了一片竹林，还竖立了一座石牌坊，上面刻着成亲王永瑆所书“潇湘小影”四字。此处本是园中旧景，麟庆特意加以修复。《红楼梦》中

海棠吟社（引自《鸿雪因缘图记》）

黛玉所居庭院名为潇湘馆，也以竹子著称，而且黛玉别号为“潇湘妃子”。此处竹子品质上佳，宣统二年（1910年），大臣端方在园中小住，后来将潇湘小影的竹子和牌坊都移走了。

另一处麟庆新造的海棠吟社，位于前院西部，面东而立，与曝画廊共同组成了一个小三合院，院子中央种了两株海棠，院北的墙上，开了一个月牙形的偃月门。《红楼梦》中宝玉所住的怡红院的“怡红”二字就源自院中的一株海棠，后来贾芸又送了两盆白海棠，探春发起诗社，定名为“海棠社”——与“海棠吟社”只有一字之差。

这两处小景分别与《红楼梦》中男女主人公的居所有所关联，恐怕未必完全出于巧合。

众所周知，《红楼梦》最珍贵的脂批抄本是“甲戌本”，

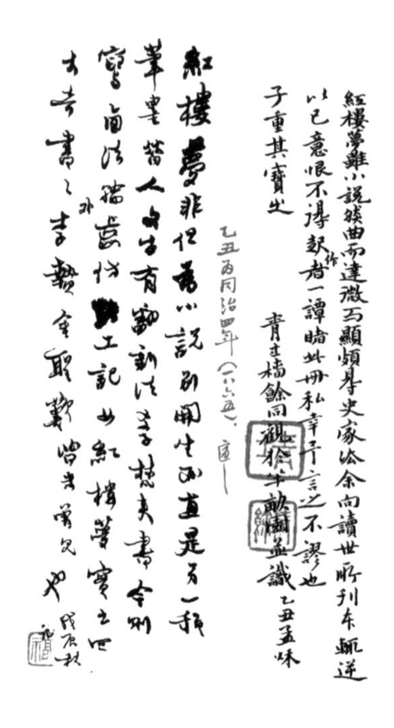

《红楼梦》甲戌本题跋（引自《脂砚斋重评石头记：甲戌本》）

书中第二十八回后有一处濮文暹、濮文昶兄弟所写的题跋：“《红楼梦》虽小说，然曲而达，微而显，颇得史家法。余向读世所刊本，辄逆以己意，恨不得起作者一谭。睹此册，私幸予言之不谬也。子重其宝之。青士、椿余同观于半亩园并识，乙丑孟秋。”

这里的“乙丑”指的是同治四年（1865 年），麟庆已经去世，半亩园的主人是其长子崇实，濮文暹（字青士）曾经在此担任家塾教师。这段题跋语焉不详，但有红学家据此推测“甲戌本”或许是当年麟庆的旧藏。

啰啰嗦嗦说了一堆，其实半亩园与《红楼梦》的关系并不密切，却也给这座名园增添了一段佳话。红学界和园林界一直热衷于讨论大观园的原型，却长期忽略了一个问题：清代乾隆以后，《红楼梦》流传极广，家喻户晓，对现实世界的造园很可能也产生了不小的影响，不容忽视。

巍巍坛庙辟新园

中山公园是

北京第一座近代公园

◎ 营建始末

在中国近代史上，朱启钤（1872年—1964年）先生是个赫赫有名的人物。他祖籍贵州，出生于河南信阳，自幼家境贫寒，所幸得到姨夫瞿鸿禨的提携，登上仕途，先后在四川、北京、东北主持多项建筑工程事务，还担任过北京城内警察总监和东三省蒙务局督办两个要职。

民国元年（1912年），北洋政府成立，朱启钤任交通部总长，次年一度代理国务总理，随后出任内务部总长，1914年兼任京都市政督办，开始对北京古城展开一系列的改造工程，拆除天安门前的千步廊，改建正阳门城墙，修筑环城铁路，打通南北长街、南北池子等干道，对现代北京城市格局影响深远。其中还有一项重要的工程，就是将紫禁城西南侧的社

社稷坛棂星门与拜殿

稷坛改为中央公园，向社会开放，并在其中引水叠山，构筑亭榭，培植花卉，营造出北京第一座现代城市公园。当时按照《清室优待条例》，紫禁城后宫依然归逊帝溥仪的小朝廷居住，前朝设立古物陈列所，中南海成为北洋政府驻地，昔日的皇城禁地完全开放，车水马龙、人群密集，亟须开辟一处公园，为广大市民提供一个游乐休憩的公共空间。朱启钤经过仔细研究，认为社稷坛位置适中，交通便利，加上其中原有许多古树植被，又有较多的空地，基础条件很好，决定选择在这里设立中央公园。

社稷坛本是明清两代朝廷祀奉“太社之神”和“太稷之神”的祭坛，位于端门之西，与太庙相对，形成“左祖右社”的格局。整组建筑群以内外两圈坛墙环绕，北面的内坛墙设有三间正门，南、东、西三面门各设一间大门，中央筑坛，坛上覆五色土，

中央公园大门旧景（引自《中央公园廿五周年纪念刊》）

象征东西南北中五方和金木水火土五行，此外还有戟门、拜殿、宰牲亭、神厨、神库等建筑。社稷坛作为皇家坛庙，地位崇高，但清朝覆灭后即失去了原有的祭祀功能，到1914年时已经非常荒芜，遍地杂草，还有人在里面种植苜蓿，饲养家畜，环境污浊不堪，亟待整治。

公园兴造之始，由北洋政府总理段祺瑞领衔的六十位社会各界名流发起募捐，半年即筹款四万多元，用于开辟园门，修筑道路，并利用拆除千步廊的废旧木料对坛内建筑进行维修。

1914年10月10日国庆节那天，中央公园正式开放，吸引了大批游客。公园以董事会为最高管理机构，朱启钤任会长，亲自操持规划，每年都在园中增葺山水、亭榭、花木，日渐可观。仅1915年一年之中就完成了唐花坞、大木桥、松柏交翠亭、投壶亭、碧纱舫、来今雨轩、春明馆、绘影楼、扇面亭、国华台、大鸟笼、警察所、格言亭等多座新建筑，基本奠定了公园的整体格局。

1915年，袁世凯妄图称帝，朱启钤积极拥戴，并出任登基大典筹备处办事员长。次年，袁世凯在全国一片讨伐浪潮中忧病而死，朱启钤被列为帝制祸首之一，遭免职通缉，但仍继续主持经营中央公园。1925年孙中山先生在北京逝世，曾经在中央公园中的拜殿停灵，为了表示纪念，1928年后此园改名为“中山公园”。

1929年，朱启钤创建中国营造学社，在中国传统建筑研究领域做出了享誉世界的卓越成就。营造学社的办公场所设于紫禁城端门外的西朝房，属于中山公园的管理范围，学社多位成员同时兼任公园董事，时常在园内举办展览、雅集，对园景建设或有参与，进一步提高了公园的艺术品位。

1937年，七七事变爆发，北平沦陷，中山公园先改北平公园，又恢复中央公园旧名，但未遭受任何破坏，相反却继续得到建设。当时公园董事之中，有不少人已经沦为汉奸，如江朝宗、王克敏、王揖唐等，但以朱启钤为首的大多数董事坚守气节，不与日伪合作。

1939年，中央公园成立二十五周年之际，总面积已经达到362亩，是一座山石嵯峨、荷池清雅、亭榭轩敞、花木繁盛的大型园林，而且设施完善，游乐项目丰富多彩，取得了很大的成果。

当年董事会编印了一本《中央公园廿五周年纪念刊》，详细记述了此园的发展历程、风景概况、管理制度。书中没有任何献媚日寇的言辞，而且字里行间，依稀可见借题发挥宣扬民族精神之处——如朱启钤在开篇的序言中就强调："斯园也，乃古之国社。……是斯园为我先民奕世精神所寄托，亦已伟矣、重矣，固非以园林视之，徒侈耳目之游观已也。"其言铿锵，将此园比作中华文化精神的象征，既伟且重，虽山河沦陷，园亭失色，但这种精神不可磨灭。

◎ 景物灿然

中山公园自创始以来，首先对原来的社稷坛内的古建筑进行积极的保护、维修，对坛墙内的柏、槐、榆等古树也着意维护。但原有的社稷坛毕竟只是一处空旷的坛庙，少有景观建筑，植物品种单调，也没有假山流水，更缺乏公园所应有的服务设施。因此经营者在保留原有文物的基础上，又不断添建改进，这才使之脱胎换骨，形成了真正的园林景象，被誉为"旧苑新公园，城市胜林壑"。

整座公园以内坛墙为界，形成了内外两重园林空间，格局近于"回"字形。内坛墙之内是社稷坛的核心部分，其中的历史建筑除必要的修缮外极少更动，体现了对文物古迹的尊重；而内坛墙之外则兴作较多，点缀假山、水池和亭榭，增加了游赏的趣味。公园外墙南端开设了新的大门，向西做了拓展，还将端门外的西朝房划入园区，使得公园的面积扩

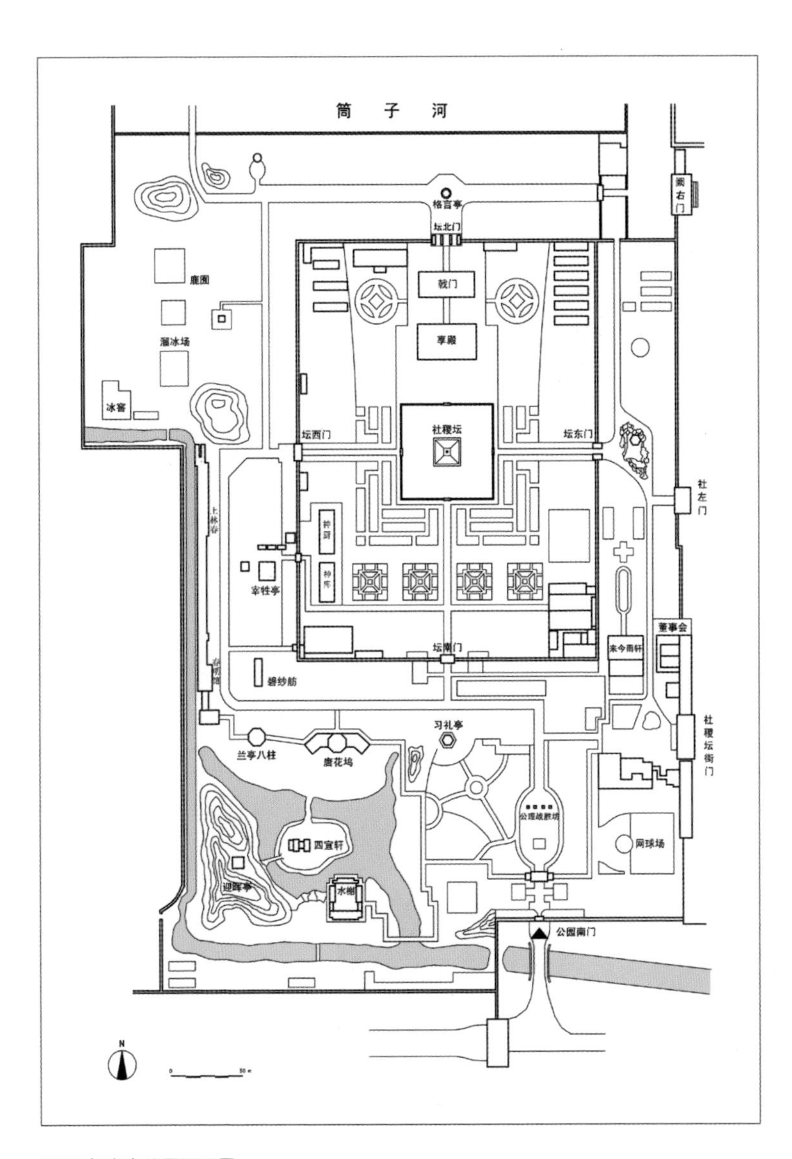

1939 年中央公园平面图

兰亭八柱今景

青莲朵

青云片

搴芝石

露水神台

习礼亭

大，北面围墙则改为铁栏。四周的地段上见缝插针，不断新增景物，南部景物尤为密集。

所筑新景大多仍以中国传统的园林风格为主，曲折优雅，移步换景，富有意境，同时也在局部积极借鉴了一些西方造园手法，表现出相当的新意。

原社稷坛的内坛墙四面辟门，其正门为坛北门，与戟门、拜殿、社稷坛构成一条完整的轴线，格局严谨规整。公园在轴线两侧的空地新设方形、圆形以及其他形状的花坛、草坪，与原来的历史空间较为和谐,成为古老祭坛、神殿的新式衬景。

中山公园的园林建筑、山石、小品有很多是从别处移来的特殊文物，为此园增色不少。当时圆明园历经多次破坏，彻底沦为废墟，残存的山石、砖瓦和建筑构件不断遭到军阀、盗贼的偷窃抢掠。公园董事会于 1915 年致信溥仪内务府，要求将一些圆明园遗物运到公园中妥善保存，得到允许后，很快就抢救出大批文物，使之免于散失。其中包括著名的兰亭八柱、露水神台以及青莲朵、青云片、搴芝石、绘月石四块奇石。

兰亭八柱原为一座石构八角碑亭，其八根石柱上分别镌刻《兰亭序》的八件相关法帖，亭中石碑的正反两面刻有明代所绘《兰亭修褉图》以及乾隆帝御笔题诗。这八根柱子和石碑都被移到公园西南角，专门建造了一座重檐八角亭加以覆盖。

青莲朵原为南宋临安德寿宫遗址上的一块太湖石，乾隆帝南巡时一见即爱，后由地方大吏进贡藏于圆明园中的茜园，石上刻有乾隆帝亲笔题名，价值最高（现移藏于中国园林博物馆）。另外三石也都不同凡品，均刻有御笔题款，十分珍贵。露水神台是一块圆形石座，雕刻精美，与山石一起运来，曾作为灯台使用。此外重要的迁建项目包括1915年移典礼院的习礼亭于园南；1918年南门外所立的一对石狮子为河北大名县古庙文物；1919年将纪念死于庚子之变的德国驻华公使克林德的“公理战胜坊”迁于南大门内（1952年改称“保卫和平坊”）。来今雨轩中所存投壶也是某董事所赠的珍贵古物。

公园中新建和迁建的园林建筑大多为中国传统式样，以亭子数量最多，一共有13座。南侧的习礼亭和北端的格言亭分别与坛南门和北门相对，强化了原社稷坛布局的轴线关系。另外还有一些水榭、花房、过厅和游廊。总体来说建筑数量不多，尺度较小，显得很有节制。

有一座温室花房叫唐花坞，平面呈雁翅形，中央位置建重檐八角攒尖顶楼阁，两侧翼房屋顶装设玻璃天窗，造型别

来今雨轩今景

唐花坞旧照（引自《中央公园廿五周年纪念刊》）

唐花坞今景

春明馆旧照（引自《中央公园廿五周年纪念刊》）

来今雨轩东南侧假山

水榭

儿童游戏场旧景（引自《中央公园廿五周年纪念刊》）

致，同时又很好地解决了功能问题。来今雨轩是一座七间歇山顶厅堂建筑，室内空间相对宽敞。春明馆等建筑沿西墙布置，造型也有起伏变化。

园林中的新建筑大多拥有匾额题名，雅致贴切，多由当时的著名文人书写，体现了深厚的文化底蕴。例如来今雨轩典出唐杜甫诗句“旧雨来，今雨不来”，与春明馆、绘影楼一起均由徐世昌题匾书联；事务所悬“一息斋”额，为朱启钤书写；松柏交翠亭为金梁题匾，碧纱舫、新民堂、水榭由恽宝惠题匾，水榭北厅“城市山林”匾为华世奎书写，迎晖亭由华景颜题匾。水榭南厅挂有原圆明园中乾隆帝御笔“蓬岛瑶台”匾。

园中假山主要集中在来今雨轩、习礼亭、水榭等处，其中来今雨轩附近的假山由一位姓刘的广东老匠师堆叠完成，玲珑剔透，最为人所称道。公园管理方将织女桥一带的御河之水引入园内，至 1939 年时，园中共有水面 58 亩。流水在西南部汇为一池，池中种植荷花，十分清幽。

园中植物除旧有的上千株古柏和古槐、榆树、杏树之外，主要增植了松柏槐柳以及一些果木，重点培植了大量花卉，包括牡丹、芍药、昙花、丁香、荷花、梅花、桃花、海棠、玫瑰、黄刺梅、榆叶梅、山兰芝、凌霄花、文官花、太平花、绿萼杏、樱花等，其中以牡丹和芍药最多，成为中山公园一绝，每逢不同的花期均吸引大量游人前来观赏。除花木外，公园还曾经先后豢养过鹿、熊、金鱼以及孔雀、鹦鹉、皂雕、鹤、锦鸡等各种禽类，生气盎然。

◎ 游乐设施

中山公园自开放以后，即致力于为市民提供丰富而又健康的游乐项目。其主要游园形式体现了中国古典园林的传统游乐内容，如赏景、宴集、品茗、下棋、钓鱼、听乐等，与其景观环境非常相宜。公园的修建不但得到民国时期北京上层社会和文化界的大力推动，而且这里成为当时文人重要的诗赋聚会场所，留下了很多描写风景的诗词佳句，如张朝墉诗：“垂杨过雨绿阴多，水鸟含烟蘸碧波。恰似湖桥三五里，定香亭上看风荷。”董大年诗：“楼观云开夕照迟，马龙车水各争驰。夜阑游女纷纷去，正是宫门月堕时。”瞿宣颖诗：“玲珑一朵芙蓉石，埋没千年德寿宫。青芝岫又青云片，何止移山夺化工。”吴锡永词：“东风吹绿长安树，园林好春如许。翠柏参天，高槐夹道，旧是宸游。”

旧京文士还常在园中水榭举行模仿兰亭修禊的雅集，董迁有诗称：“修禊名园上巳时，五云楼阁望参差。”来今雨轩更是重要的饮茶聚餐的场所，崔麟台诗描绘其盛况曰：“轩开来今雨，士女各徜徉。列坐恣谈笑，啜茗复飞觞。”

但中山公园并不是一座纯粹的古典园林，从建立开始，其筹划者就以欧美的现代公园为榜样，力图为北京市民创造一个具有现代意义的城市公园，力求建设一座“首善之园林”，“供百万市民游息之需”，因此其功能远比传统园林更为丰富，在一定程度上兼有现代游乐场的特色。按照《公园游览规则》，每日自上午六时一直开放到晚上十时，夏天更进一步延长到十二时。根据有效期和项目的不同，其游览券共有八种之多，定价不一，普通门券需大洋五分，军人减半。

格言亭今景

园中现代设施有很多，例如先后于董事会南和园西南角设台球房，辟春明馆为照相馆；为了为游人提供锻炼身体的场所，园中先后设有行健会和儿童游戏场、网球场、高尔夫球场、滑冰场，等等。园中拜殿，一度作电影院之用，1928 年改为中山堂。1942 年，社稷坛东侧新建了一座露天音乐堂。这些内容均属于近现代公园的游乐项目，开旧京园林风气之先，因此受到市民的极大欢迎。

与新的时代、新的需求相呼应，中山公园的部分建筑和景观设施进一步借鉴了欧美园林的手法，带有一定的外国风格，体现了公园兼收并蓄的近代作风。如上林春为西式铺面房，俄国侨民瑞金曾捐建喷水池及石雕水塔；园中设铅铁罩棚和玻璃花房数座，所建铁栅栏也为欧式；格言亭采用西式石构圆亭造型；西坛门外还建有东洋式亭子。园中除了传统的石子和墁砖道路外，也采用沥青、洋灰和缸砖等新材料铺路。

为了服务游客，同时也为了筹措部分经费，公园里也设置了一些商业场所，如餐厅、糖果店、西式咖啡馆等，都能与园景很好地融为一体，绝无喧宾夺主之意。更值得称道的是，中山公园不但是游玩的场所，同时还不忘寓教于乐。董事会在原神库中设卫生陈列所，展示各种标本、模型、解剖图表，普及卫生常识。又在戟门中设图书阅览所，供市民免费阅读。

1931 年 3 月 21 日至 22 日，中国营造学社曾在中山公园水榭中举办了一场“圆明园遗物与文献展览”，展出内容包括太湖石、石刻、石构件、砖瓦等圆明园文物，1800 多件圆明园样式雷图、18 具烫样模型以及工程则例、工程做法、匾额清单、绘图题咏、文献考证、外文记载等各种资料。这是有史以来关于圆明园文物的首次展览，引起很大的轰动，参观者超过万人。

中山公园中除了文物和花卉展览之外，每逢元旦、春节、国庆经常举办一些游园会，同时这里也是日常的政治、学术演讲场所，还多次为全国各地的灾区举办集会筹集善款，承担了很重要的社会功能。这些都是中国古典园林所不具备的特点，更接近一座现代公园的性质。

中山公园虽归北京（北平）市公署管理，但其策划建设、经营管理以及经费筹措都由民间承担，具体负责者是公园的董事会。董事会由社会各界人士组成，另设评议部和事务部执行具体工作。北京居民只要捐款 50 元即可成为董事，各机关团体捐款 500 元以上也可指定一人担任董事，参与公园的建设和管理决策。董事会每年三月定期召开全体大会，日常事务则由常务董事会开会协商解决。所有的董事都是义务工作，并无薪酬，却还要为公园建设四方募捐筹款，可谓热心公益。公园经费大部分来自捐款，少部分由经营的商业项目的利润来补充。其财务管理十分严格，公开透明，每年收入大多为四五万元，支出大体平衡。

◎ 余荫葱郁

抗战胜利后，中央公园又改为中山公园。1946 年 4 月 21 日，北平各界人士在公园的露天音乐堂举办“北平市各界国大代表选举问题讲演会”，反对国民党政府与支持国民党政府的双方在现场爆发激烈冲突，酿成了“音乐堂流血事件”。

新中国成立后，中山公园一直是首都北京最重要的公园之一，经过多次修葺，其中音乐堂进行了大规模的改建和扩建，其过于庞大的体量破坏了内坛墙内的对称格局和传统的肃穆

保卫和平石坊与孙中山先生铜像

气氛，也与原有的建筑风格和园林景象不太协调。

今天中山公园建园已经超过一百年，亭台楼榭、假山水池风采依旧，花木繁盛更胜往昔，深为北京市民所钟爱，1988 年被国务院公布为全国重点文物保护单位。1993 年在公园石坊内竖立了一尊由中国海外交流协会与中国人民对外友好协会赠送的孙中山先生铜像。

自民国初年以来，全国各地陆续改建和兴建了许多古典风格的市民公园，这些公园至今仍是我国公园的一大重要类型，而北京中山公园作为古都最早的一座大型公园，具有首创的意义。这座由古代坛庙改建而成的历史名园如同涅槃而生的凤凰，一方面在保护古迹的基础上继承古典造园的优秀传统，另一方面又体现了与时俱进的现代气息，值得今人学习和借鉴。

第三卷

南国风月

池里塔痕眠夜月

清代文臣徐乾学昆山憺园记

金庸先生武侠名著《鹿鼎记》第一回的回目是“纵横钩党清流祸，峭茜风期月旦评”，写到吕留良、黄宗羲、顾炎武三位大学者冬夜相聚，密议反清复明之事。情节虽属虚构，却非常符合当时的历史背景。

满人入关，在江南地区遭到最激烈的抵抗，遂有“扬州十日、嘉定三屠”。康熙初年清廷又借“明史”一案大肆捕杀抵抗之人，株连甚广。血雨腥风之间，江南文人多怀故国之思，视清廷为禽兽蛮夷。顾炎武正是其中的杰出代表，明亡后他六次参谒明太祖的孝陵，变卖家产，游荡四方，密谋结社，矢志抗清。

康熙帝亲政后，对汉族文士采取怀柔政策，开博学鸿词科，设南书房，征召名士硕儒入朝为官。虽然像顾炎武、傅青主这样的遗民坚决拒绝应召，但也吸引了一部分文人归附。

更重要的是，康熙帝对汉族传统文化的弘扬以及相对开明的统治方式逐渐淡化了广大文人心中的仇恨，使得民族矛盾得以缓和，连矢志抗清的黄宗羲都有所感动，同意儿子黄百家加入朝廷的修史局，参与编撰《明史》。新一代江南文人积极参与科举考试，跻身世林，完全融入了统治阶层——这方面最著名的代表人物就是昆山的徐乾学兄弟。

徐乾学（1631 年—1694 年）字原一，号健菴、玉峰先生，出生于明末崇祯四年（1631 年），以早慧著称，康熙九年探花及第。三年后，他的二弟徐秉义也考中探花。三弟徐元文更厉害,早在顺治十六年(1659 年)就高中状元。一门三鼎甲，海内无双，名满天下。三兄弟后来都出任高官，徐乾学是刑部尚书，徐秉义做过吏部侍郎，徐元文官至文华殿大学士。

耐人寻味的是，这三位的亲舅舅就是顾炎武。两代人的选择，不啻天壤之别。

徐氏三兄弟中，以兄长徐乾学学识最丰，名望最高，著述等身，是康熙年间的文坛领袖，与满族著名词人纳兰容若以及陈维崧、叶方蔼、张玉书、朱彝尊等出身江南的文人官僚交往密切，幕客成群，门生弟子遍及天下。但同时此人又十分热衷于攀附权贵，利欲熏心，结党营私，其族人多有横行不法的行为，因此一生毁誉参半，去世后也没有得到谥号。

徐乾学在北京任职期间，住在外城绳匠胡同，建了一座名为“碧山堂”的花园，是京城名流重要的聚会场所。有些人为了奉迎他，特意在碧山堂的左邻右舍租房居住，导致附近房价暴涨。

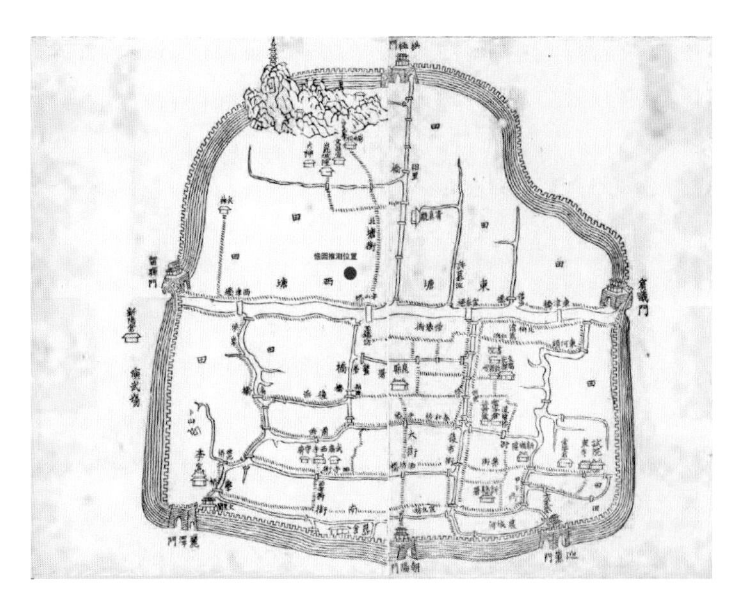

《昆山县城图》(引自《昆新两县志》)

康熙十一年(1672年),四十一岁的徐乾学遭遇人生第一次低谷——他以副主考的身份主持顺天府乡试,由于副榜遗漏汉军卷未取,遭到弹劾,被降职处分。第二年秋季,其母顾太夫人患病,他便请假回乡侍奉,在昆山老家住了两年,并利用这段时间,在自家祖居原址上修建了一座园林,起名叫“憺园”。“憺”字音淡,既有安稳、泰然、恬静之意,又有震动、畏惧之意,恰好是徐乾学当时心境的双重写照。

徐氏祖居位于昆山城内西北部半山桥西侧,憺园建于宅院之后,距北面的马鞍山约数里之遥。马鞍山是昆山城内西北角的一座小山,因形如马鞍而得名,又因为出产奇石而称玉峰、玉山,山上有华藏寺、观音堂、真武殿、关王庙、三官殿等寺观,华藏寺中有一座七层凌霄塔,高居峰顶,自城

昆山马鞍山凌霄塔旧照
（清华大学建筑学院图书馆提供）

苏州拙政园西望北寺塔

中随处仰望皆可见。

徐氏宅中有正厅冠山堂和传是楼——传是楼是江南地区著名的藏书楼，所藏图书极为丰富。园中有怡颜堂、看云亭、青林堂、高咏楼、塔影轩等建筑以及水池、假山和繁盛的花木，水系与娄江相通。“怡颜”之名与“奉养母亲”的含义有关，“看云亭”之名典出唐代诗人杜甫《恨别》诗“忆弟看云白日眠”，表达思念兄弟之意。

塔影轩是园中最独特的小景，轩旁有一个小水池，拥有得天独厚的角度，恰好可倒映马鞍山上凌霄塔的身影，而园中其他池塘以及昆山别的园林水池都无法出现这一景象，钮琇《觚剩续编》和钱泳《履园丛话》对此均啧啧称奇。

值得一提的是，引园外古塔之景入园是中国古典园林非常重视的借景手段，现存著名实例包括苏州拙政园西望北寺塔、无锡寄畅园南瞻锡山龙光塔、北京颐和园西邻玉泉山玉峰塔与妙高塔，而在憺园中既可仰望凌霄塔的雄姿，又可俯观其倒影，手法似乎更为高明。

康熙十四年（1675年）三月，画家梅清应邀来刚建成的憺园做客，绘有一幅《憺园

从昆明湖上看玉泉山玉峰塔与妙高塔（楼庆西摄）

图》，为此园留下了宝贵的图像资料。

此图现藏于天津博物馆，为纸本墨笔手卷，格调高雅。图右可见几株古松盘桓，其中一株尤为高耸。竹树掩映之下，东南几座厅堂轩馆参差其间。园中央部分为水池，池岸蜿蜒，水面被山石和曲桥分为几段。东北岸一座歇山顶水榭以栏杆围护，依临池岸；南岸有三间水阁，直接以立柱架于水上。山石以“折带皴”笔法绘出，似乎大多为横向铺砌的大石块，另有几峰孔窍玲珑的湖石点缀其间，东部松下一石尤为高大，石上孔窍遍布。园北围墙采用弧形“云墙”形式，偏西处有一座两层三间歇山顶楼阁可能即为高咏楼，东植竹丛，西倚一行松树。园外绘出马鞍山景致，凌霄塔位于最高处，清晰可辨。

康熙十四年下半年，徐乾学复职回京，之后官运亨通，直到康熙二十七年（1688 年）退休回乡，在太湖洞庭东山设

清代梅清绘《憺园图》（天津博物馆藏）

立书局，招罗多位文士参与编书，并经常在憺园举行雅集。六年后徐乾学去世，后人将其生前所作诗文编为三十六卷《憺园文集》。

憺园是徐乾学及其家人居住、清游之地，也是同时代文人雅集、宴乐的场所。很多著名文士都有在憺园临时寓居或参与盛会的经历，留下了大量的诗词文赋，纷纷将此园比作西汉梁孝王的菟园、西晋石崇的金谷园、东晋谢安的山墅以及唐代李德裕的平泉山居、裴度的绿野堂、王维的辋川别业，赞誉有加。

大词人陈维崧为憺园写过好几首词，还作了一篇《憺园赋》，叙述园中奇石众多，或丑或怪，变化多端。计东曾任徐

氏家馆教师，住在看云亭东侧，其《憺园记》称园内有“竹树花石，高楼曲池，水槛平桥，幽房密闼，凡宜于四时、适登眺者无不具备”。吴绮诗中以“池里塔痕眠夜月”之句描绘池中倒映的塔影和月影。朱鹤龄写过一篇《憺园牡丹文宴记》，记述园中牡丹盛开，鲜红灿烂如晚霞一般，夜间还特意点灯照耀，花姿花色更为炫目。严熊的诗称赞憺园选址上佳，花径幽深，俨然城市山林，还将马鞍山比作海上仙山。

除了憺园而外，徐氏在昆山另有园亭，如建于马鞍山北麓的遂园，以及徐秉义的耘圃、徐元文的得树园。康熙三十三年（1694年）三月初三，徐乾学、徐秉义兄弟及钱陆灿、孙旸、尤侗等十二人在遂园举行雅集，另请宫廷画家禹之鼎

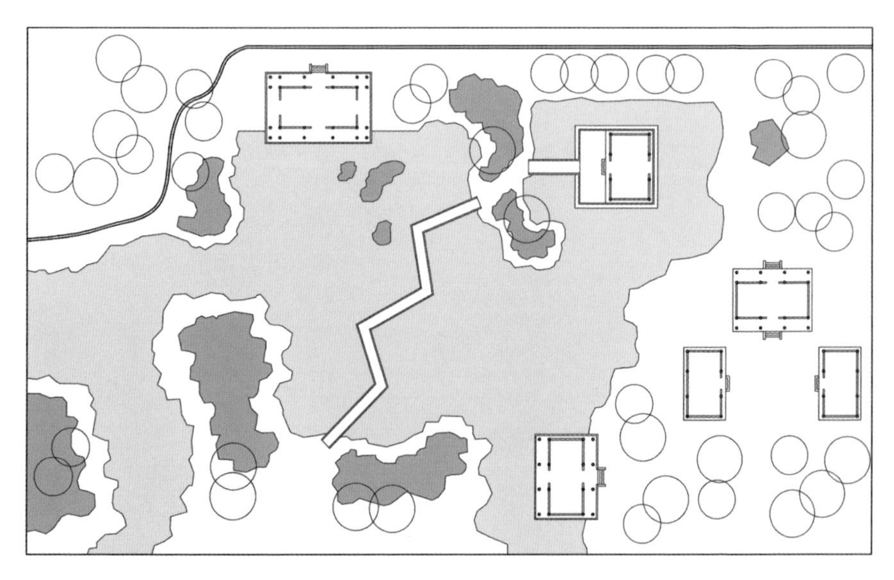

憺园平面示意图

绘制《遂园修禊图》，为一时盛事。康熙四十四年（1705 年）康熙帝南巡至昆山，徐秉义曾经陪伴圣驾游遂园，得赐御书。可惜清代中叶之后，诸园渐次废毁，不复旧观。

从园林史的角度看，清初上承明末之余绪，以张南垣与张熊、张然父子为代表的造园家继续推动着园林艺术的重大转折，憺园作为当时的江南一大名园，又是文人雅集的中心和盛世优游的典范，具有特殊的象征意义，深受时人推重，在建筑、掇山、理水、植株等各方面必有很高的成就，借景玉峰、引塔影入园池的手法更为佳妙。可惜园已不存，且囿于史料的匮乏，只能通过有限的诗文、图画权作一管之窥，聊胜于无。

从石幽秀碧兰馨

湖州南浔古镇
藏着一座述园

今人提到江南园林，言必称苏州，次则扬州，再次则杭州，余者似皆不足道。著名建筑学家童寯先生名著《江南园林志》却称："南宋以来，园林之盛，首推四州，即湖、杭、苏、扬也，而以湖州、杭州为尤。"不但将湖州与杭州、苏州、扬州并称为园林最胜之地，还将湖州推为四州之首，与现代公众的印象颇有不同。

湖州位于浙江北部，旧属吴兴郡，水土丰腴，文化发达，自六朝以降，田圃山墅渐兴，宅园别业层出不穷，在宋元明清时期达到极盛之境。清代后期受太平天国战乱影响，湖州园林走向衰落，但辖境内的南浔镇却繁华更胜往昔，在清末民初的几十年间陆续兴建了若干私家园亭，其中包括宜园、东园、适园、刘园、觉园五大名园，成为江南园林一支重要的地域流派。

南浔古镇

之后经百年沧桑，昔日的南浔诸园仅余四座遗构尚可寻觅，其中以小莲庄（刘园）最为著名。述园是现存园林中规模最小的一座，秘不示人，但亦有独特佳胜之处，不可轻视。

述园位于南浔镇南栅述园里，南临鲵秀河，始建年代不详，后为朱瑞莹所得，于光绪元年（1875 年）进行重建。朱瑞莹字士玉，号兰第，出身于丝商家庭，曾考中秀才，平时乐善好施，热心公益，并擅长诗文，述园便是他与同好们的吟咏雅集之所。

光绪十四年（1888 年），朱瑞莹去世，家道中落，述园被转售予丝商梅履正。梅氏家族名列南浔“八牛”之一，创始人梅月槎创办“梅恒裕”丝经行，其产品屡次在国内外博览会上获奖。梅履正是梅月槎之孙，于 1926 年在南浔创办第一家机器缫丝厂，是当时中国生产规模最大的丝绸企业之一。

1949 年后，述园被收归国有。《南浔志》记载园中原有环碧堂、快阁等建筑，如今园内仅存以快阁为主体的一个庭院，并于近年得到重修，而环碧堂和一些珍贵花木、山石均已亡佚。

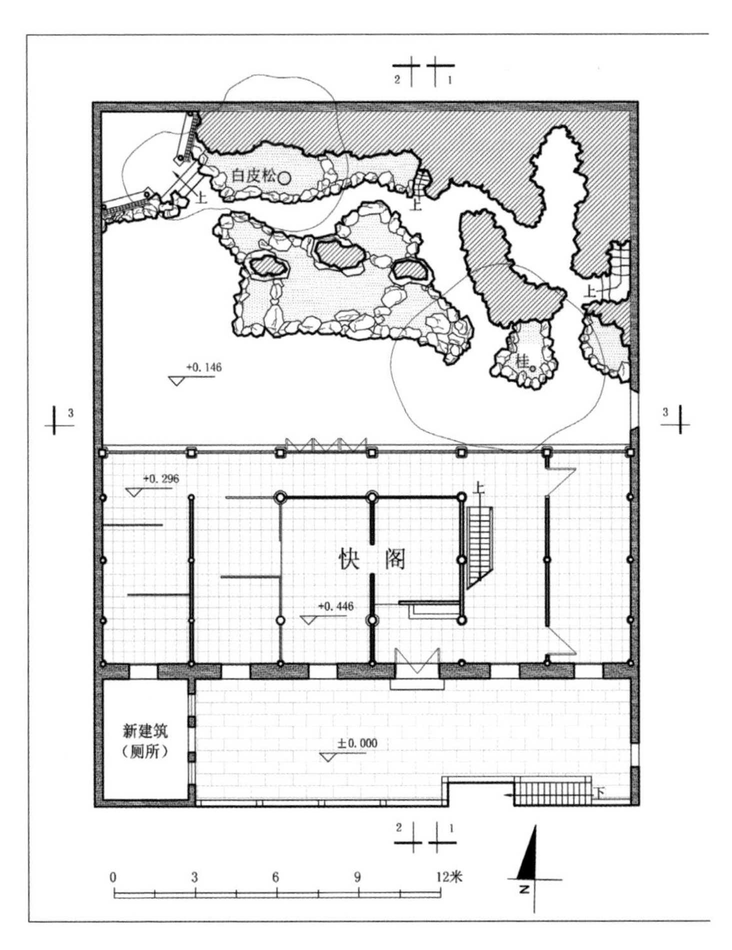

述园现状平面图（清华大学建筑学院测绘）

现存述园只保留下一进庭园，虽然门外临河，但园内没有任何水景，是典型的以假山为主的旱园。不过庭园虽小，理景手法却相当丰富，在晚清江南园林中具有一定的代表性。

快阁位于庭院南部，南依毓秀河，东南邻毓秀桥，阁南拓有宽约4.5米的平台和供上下平台之用的台阶。南浔水路

述园快阁旧照（引自《江南大宅——南浔遗韵》）

述园快阁南立面

快阁北侧景象

便利，游人可乘舟往来，在此登岸。从老照片上看，此阁原为四层，分为上下两部分，下部的两层均为六间，歇山屋顶，出檐很短，垂脊平直，翘角并不明显；上部二层仅为两间，采用重檐歇山形式，飞檐高翘，造型灵动，与下部建筑形成鲜明对比。20 世纪 50 年代，上部的二层楼阁被拆除，现在只剩下底部的两层。楼分六间，似有模仿宁波著名藏书楼天一阁的意趣。面向庭园的北廊天花采用船篷轩样式，精巧典雅；门窗安装在外檐柱间，梁枋、雀替、牛腿、檐板等构件雕饰精美。

中国历史上称作“快阁”的名楼不止一处。如江西泰和县的慈氏阁，始建于唐乾符元年（874 年），北宋时期更名“快阁”，大诗人黄庭坚为作《登快阁》诗，“阁名遂大著”，之后历代文人吟咏不绝。浙江绍兴鉴湖岸边也有一座快阁，传说是南宋诗人陆游的读书处，清乾隆年间重建，同治年间成为姚氏藏书楼。述园快阁沿袭了传统建筑的文化内涵，人在阁内不同楼层均可透过门窗欣赏园中山石之景，从仰视、平视乃至俯瞰等不同角度体验山石形态的变化；同时还可在楼上眺览周围河流、民居、坊巷的景致，拓展了园林空间，使人获得登临之快。

快阁北部庭院平面为矩形，东西长约 20 米，南北宽约 12 米，总面积约 240 平方米。在西北角设有一座小亭，其平面形制相当于 1/4 个十二边形。院中大部分地段都被山石占据，其叠石包含花坛、石峰、屏山和洞穴假山等多种形态，但空间并不显得拥塞，反而表现出错落有致的层次感。

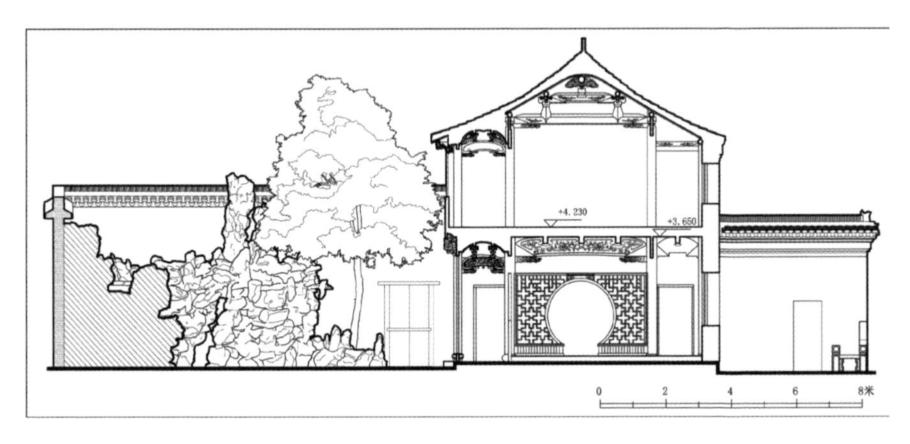

述园剖面图（清华大学建筑学院测绘）

中部以小块湖石围合出一圈花坛，轮廓近于长方形，坛中分置三尊高耸的湖石，中央一块高距地面 4.2 米，两侧皆在 3.5 米左右，略呈拱卫之势，形态优美、肌理丰富、色泽温润，下部以较小的山石砌成底座。

述园三石峰

花坛北侧紧贴院墙布置一组山石，采用“壁山”做法，以白粉墙为背景，蜿蜒起伏，自西向东伸展，渐次升高，在东北角叠成体量较大的假山。南侧也有小块山石砌成的花坛，内植一株白皮松，姿态挺拔，成为山间亭畔重要的竖向构图元素。

假山是园中的精华，内藏连环相接的两座山洞，东西两边皆有石径可登山顶。山顶比较平坦，南侧以小型湖石与条石交错，充当栏杆，中间也置有一块大型湖石，象征顶峰。沿东侧磴道下山，需穿越洞穴才能出山。洞南花坛中植桂树，也是一株古木，秋日香气馥郁，满庭芬芳。

值得一说的是，述园的假山有两个特点可能被造园大家视为俗套。

一是三峰或五峰并峙的手法曾经在明末之前非常流行，并对日本古典园林有深远影响，岛国现存实例中“三尊石”的景象比比皆是。但《园冶》作者计成已经对这种类似“峰虚五老”的程式化手法进行批评，后来中国园林中不再常见，现存者只有苏州留园冠云、岫云、瑞云三峰等很少的例子。

二是述园假山上多处都使用了经过人工打磨的条石，并以铁件拉牵，这样既便于山石的叠筑，又能加强山体的稳固性。在洞穴内可以清晰看见山顶条石的底面，当年造园者还特意

述园东立面图（清华大学建筑学院测绘）

在此处以堆塑的手法雕出盘龙图案，模拟屋顶天花。这种手法自清代中叶以来成为江南园林叠山的主流，在苏州狮子林中表现尤为明显，但未免留下较重的人工雕琢痕迹，缺少浑然天成之感，故而嘉庆年间叠山大师戈裕良曾说：“狮子林石洞皆界以条石，不算名手。”但述园假山仍然继承了这个模式。

当年述园中还有一尊上佳的奇石，高约 3 米，形态古雅，石身有一孔，以口贴近吹气，声如清啸，因此得名“啸石”。此石原为清代嘉庆、道光年间的名臣阮元所有，石上有三段题刻，最上边即为阮元所题的“啸石”二字，还有两处分别为金石学家张廷济和述园主人朱瑞莹的题款。朱氏卒后此石为藏书家刘承幹所得，现存于南浔嘉业堂园中。

朱瑞莹号兰弟，又号“兰荑主人”，十分喜爱兰花。园中曾专门培育一种珍品兰花，枝干较高，绿梗翠花，其瓣宛似梅花，号称“述园梅”。嘉兴画家许鼐和善于种兰、画兰，其在《兰蕙同心录》一书中专门记录了这种“述园梅”，并夸赞

述园西北假山

啸石

此花“迥超凡品，令人色舞眉飞”。

清末文人徐延祺咏述园诗云：“朱门楼阁敞青云，一色玻璃耀眼明。是我昔时旧游地，轩窗改换几经营。真疑碧玉壶中立，仿佛山阴镜里行。”诗中称在高大的楼阁里可以远眺云天，视野开阔，新安装的玻璃晶莹透亮，在园内游览如置身于壶天之中、行走在山阴道上。这些景象今天依然大致可见。

南浔园林大多建造年代较晚，却达到较高的艺术成就，被誉为“中国古典园林的最后一抹晚霞”。述园如今虽然只剩下咫尺庭院，但南建楼阁，北叠山石，坐在阁中欣赏庭院之景，犹如欣赏一幅立体的长卷国画，俯仰之间，变化多端，意境也颇为深远，与苏州、扬州、天台等地的庭园小景相比，各有所长。

西风阑入旧亭轩

充满近代气息的苏州狮子林

长期以来一直有这样一个说法：苏州现存的四大名园沧浪亭、狮子林、拙政园和留园分别反映了宋、元、明、清四个朝代的园林特色。之所以这么讲，可能是因为沧浪亭始建于北宋，狮子林始建于元末，拙政园始建于明代中叶，各擅一时之盛。

但是，任何一座历史悠久的园林在流传过程中都会经历各种天灾和人祸，几度衰败，几度复兴，前后变化剧烈。苏州所有清代之前始建的园林，如果幸存至今，其格局和景致特点都呈现出清代中叶以后的面貌，园中绝大多数的建筑都是清末、民国甚至现代重修、重建的结果，与其早期形象大相径庭。

苏州狮子林原本是元代高僧维则所居的佛寺园林，以大量形如狮子的奇石取胜。明代后期转为私家园林，清代乾隆年间归属黄家，改名“涉园”，建筑愈加稠密，叠石假山洞壑蜿蜒，造型极为复杂，与元代充满禅意的简雅风格迥异。乾隆皇帝南巡，曾五次造访，十分喜爱，后在北京长春园和热河避暑山庄两次加以仿建。历代多位名画家为之图写景物，元明清三朝文士纷纷作记、题咏，使得狮子林名满天下。

1918 年，苏州富商贝润生从李钟钰手中购得荒废已久的狮子林，斥资八十万元大洋，展开全面重修，内外堂阁焕然一新，山水再现旧日盛景。1925 年，贝润生作《重修狮子林记》记述兴修始末，刻在燕誉堂中堂屏风上。

这次重修工程基本恢复了清代乾隆年间的山水格局，又根据元明时期的图画、诗文复建了立雪堂、卧云室、问梅阁、指柏轩等建筑。此外还新建了许多亭馆楼榭，并在园四周砌筑高墙，园东部建了一组宅院和贝家祠堂，其东又建承训义庄校舍。整体而言，建筑数量大大增多，楼阁体量偏大，色彩华丽，使得景致愈加丰富，同时也进一步加剧了此园原本就偏于烦琐的缺点。

今天狮子林依然极受游客欢迎，常常人山人海，但也不断有园林学者批评其景致又乱又俗，格调不高——这个锅可不能让元朝来背，应该由清朝和民国各背一半。

值得注意的是，贝氏是具有较高文化素养的商人，财力雄厚，又见过大世面，不是纯粹意义上的旧式文人，在重修时一方面尽力延续狮子林原有的历史文脉，另一方面又掺入很多象征新时代的西式元素，使得这座园林充满了近代气息，与拙政园、留园、网师园等古典气质更为浓厚的名园相比，

清代钱维城绘《狮子林图卷》（加拿大阿尔伯特博物馆藏）

差异明显。

贝氏在重修过程中，除了传统材料而外，还采用了不少钢筋混凝土和水泥。狮子林号称“假山王国”，园中四处遍布精美的石峰石洞，部分民国时期堆叠的假山内部使用铁件挂勾，另以水泥填缝。

指柏轩的南边有一个小方池，水上架一座拱桥，池四周与桥两侧均设栏杆，雕为西式宝瓶式样。正堂荷花厅前面的平台同样安装了宝瓶栏杆。水上曲桥以及假山间的平桥，都采用铁栏杆。

荷花厅的东侧有一座见山楼，尺度小巧，二层飞檐翘角，底层是简洁的现代方盒子式样，上下两截好像是不同时代的产物。指柏轩的北立面也存在类似的情况。

长桥东侧的紫藤架以及其间的六角亭的柱子和栏杆均为钢筋混凝土结构，与很多现代公园中常见的简易花架如出一

辙，横亘于山石池岸之间，显得有些突兀。

园中最古怪的建筑是水池西北角的画舫。画舫在江南园林中十分常见，造型模拟河湖上的游船，但狮子林的画舫却采用西式风格，前后仓均为两层小楼，屋顶卷曲，檐下设托脚支撑，中间夹一个平台。屋面与墙、柱、梁等主要构件全部外抹灰色水泥，工艺显得有些粗糙，雕饰比较简单。门窗上安设彩色玻璃,室内铺地为西式方砖,木栏杆也有欧洲风味。

除画舫之外，狮子林中不少建筑都安装了彩色玻璃。这种五彩斑斓的玻璃是欧洲的特产，清代中叶已经传入中国，在北方皇家园林和岭南私家园林中应用较广，苏州园林偶尔也会出现，但唯有狮子林才大量铺陈。

狮子林在这么多地方都表现出近代西洋风格，就好像一个古装美女戴上墨镜、穿上丝袜，有点混搭的感觉。

18 世纪以来，中国园林不断受到西方影响，到了 20 世

《重修狮子林记》屏风

狮子林方池与拱桥栏杆

狮子林荷花厅与见山楼

狮子林混凝土紫藤架

狮子林画舫外观

狮子林画舫室内铺地

狮子林燕誉堂彩色玻璃门窗

狮子林叠石假山

纪初，清末、民国时期的园林融入更多的西方元素，以示与时俱进，上海、广州、青岛等通商口岸还出现全新的洋房花园。相比而言，作为江南造园艺术中心的苏州更注重固守古典传统，对外来的建筑材料和装饰形式较为排斥。狮子林却是一个重要的反例，不拘一格，融合中西，求新求变，园中的画舫、藤架、栏杆与圆明园西洋楼颇有异曲同工之处。

从某种意义上说，经过贝氏重修后的狮子林可算是半座近代园林，更直观地反映了时代的变化——虽然其中的西式手法与传统园景未必协调，但毕竟做出了一些可贵的探索，倒也不能全盘抹杀。换个角度来看，这也是狮子林复杂历史文化内涵的组成元素，另有一番韵味。

笙歌声里涌楼台

板桥林家花园是台湾地区现存最完整的古典园林

1905年12月30日，台湾板桥的林家花园正在举办一场大型游园会，据两天后出版的《日日新报》报道，当时的场景热闹非凡：

> 入内门之后，即在白花厅休憩所前，演唱梨园，以迎来宾。其次则于汲古书屋前高奏清曲，有禽鸟和鸣之趣。次到来青阁前，于管弦声里演唱女戏，众宾多集焉，其前犹有狮团一阵，为种种运动，各鸣其得意之武术，至数十次始休。
>
> 隔此一箭之地，则有所谓把戏焉，变化多端，足令观者神移，外此则左右宫商辄奏，南北皆备。别以小船二艘，放于彩莲池，使歌妓乘之，操《采莲曲》往来水面，不觉耳目为之一新。又于适宜场所，

日治时期林家花园游园会旧照（引自《台湾私家园林发展及其影响因素研究》）

> 开设酒铺、茶果、烟草及等等模拟店，各店皆以妙龄少女殷勤周旋，真如山阴道上，一时应接不暇也。
>
> 设其筵于定静堂之前面，即庭园之后方也。筵分福禄寿三段，各排桌数十……其酒则和洋毕陈，芳冽扑鼻，其肴则山海交错，丰盛可掬。是日入席者约1000人，可谓盛况空前。

林氏祖籍福建漳州府龙溪县，先祖林平侯于清代乾隆年间来台，开垦农田，并从事海运、盐业等业务，逐渐发家。其子五人，分别以“饮水本思源”五字为堂号，支分派衍，成为台湾地区显赫的富商家族。第三子林国华、第五子林国芳合号“林本源”，于咸丰三年（1853年）迁至板桥（今新北市板桥区），兴建拥有三进庭院的住宅，称“三落大厝”。

林国华次子林维源于同治元年（1862年）自厦门回台，

接掌家族事务，后出任族长，大约于光绪元年前后开始在宅旁修造园林，作为日常游憩、宴客的场所，这便是林家花园的由来。林维源在台湾开创实业，兴办团练，建立学校，周济贫民，造福本地，并曾向清廷捐助巨额银两，于光绪十二年（1886 年）获封二品太常寺卿衔，出任帮办台湾垦务大臣。

林家园林工程持续了十几年，直到光绪十九年（1893 年）才基本完成。次年中日甲午战争爆发，光绪二十一年(1895 年）签订《马关条约》，清廷将中国台湾割让给日本。中国台湾人民自发组织台湾民主国抗击日军，林维源被推举为议会议长。不久抵抗宣告失败，林维源率全家避走厦门，在鼓浪屿建菽庄花园，与板桥故园隔海相望。

日本统治台湾的民政长官后藤新平深知林氏声望，曾亲

林家花园旧照（引自《台湾私家园林发展及其影响因素研究》）

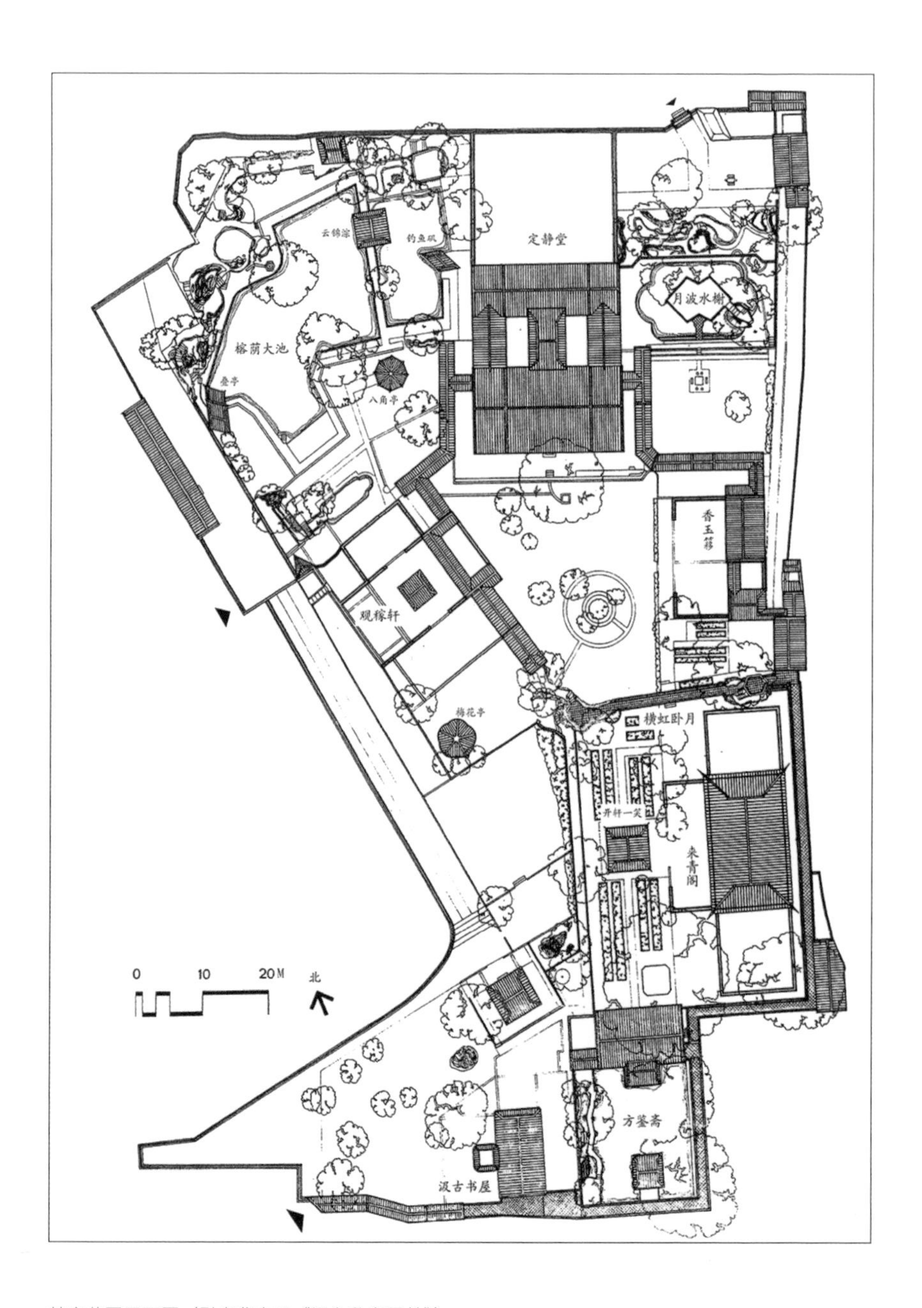

林家花园平面图（引自曹春平《闽台私家园林》）

自来厦门力劝其返回台湾，林维源坚决不从。光绪三十一年清廷授予其侍郎官衔，林维源于当年6月16日在厦门病逝。

林维源之子林尔嘉等于光绪二十八年（1902年）回到台湾，采取与日本统治者合作的态度，使家族事业继续得到发展。1905年12月30日举办的这次游园会正是为了庆贺台湾总督儿玉源太郎从日俄战争凯旋归台。与其父矢志不移的爱国情怀相比，林氏后人的气节未免有亏。

之后林家花园长期保持兴盛，1908年首次进行大修，并在此举办台湾铁路开通庆典。从1924年开始，林家发放免费参观券给民众入园游览，兼有公园的性质。1935年进行第二次大修。1949年后，林家花园一度被大陆迁台的军政人员占住，有所损毁。20世纪80年代后两次得到悉心重修，成为目前全台保存最完整、规模最大的古代园林遗产。

全园占地面积约1.6万平方米，园门设于西北角。入门后沿着一条长长的甬道南行，于左侧院墙之上可见楼台、假

汲古书屋

方池与戏台

开轩一笑与来青阁

开轩一笑与来青阁

山起伏。甬道尽端是一座方亭，西南为汲古书屋，山墙窗户栏杆做成竹子造型，与窗外的竹丛相映成趣。

汲古书屋东侧小院为方鉴斋，内设一座方形池塘，池北为三间书斋，南出一间抱厦，池南为一座水榭式的戏台，彼此相对，是昔日观赏戏乐的最佳场所。池西有曲桥与假山，掩映在榕树浓密的树荫之下，池东则是一条长廊，墙壁上镶嵌古代书画碑刻。

方鉴斋北侧的来青阁是一座两层五间的楼阁建筑，用作林家招待亲友下榻的宾舍。此阁以名贵的楠木、樟木建造，室内安装大玻璃镜，梁架彩画以红色为主，显得富丽堂皇，故有“红楼”之称。阁前建有一座小戏台，名为“开轩一笑”，是园中另一处重要的演剧场所。

来青阁的北侧有一座建于陆地上的长桥，形如彩虹，又

横虹卧波长桥

似一道弧形的墙壁，桥上设栏杆，内腹中空，藏着一条隐秘的走廊，与假山石洞相通。中央开有拱门，南北门额分别是“横虹卧波”和“烟光晴岚”。桥北的香玉簃自成院落，是秋日赏菊的佳处。

由香玉簃向北，穿过一个跨院，就来到一个长方形的庭院，院中辟海棠形的水池，池中建了一座方形平面的小榭，称“月波水榭”，屋顶平台以砖铺砌，有磴道可以登临。

月波水榭西侧的定静堂是园中的正堂，分为前后二厅，彼此之间以三道走廊串联，前庭宽敞，主人经常在此举办宴会。定静堂西南为观稼轩，又称“观稼楼”，旧时登楼可远望周围大片的农田，皆属林氏所有。

定静堂西侧的榕荫大池为全园的高潮，池岸呈折线形，池中筑长堤、小桥，将水面分隔成大小两部，堤间建云锦淙

榕荫大池西南岸

小亭，池上可以泛舟。周边景致最为丰富，东岸的钓鱼矶和西岸的叠亭的平面都采用不规则的平行四边形，凸于水上。西、北两侧以灰泥塑造假山，兼有屏风隔墙之意，其山洞号称“仙人洞”。北岸另有一座三层砖砌小塔，实际上是烧字纸的炉子，称“敬字亭”。

园中建筑都有特定的功能，或聚会开宴，或藏书读画，或栖居休憩，形成连贯的景观流线，既有封闭的幽静小院，又有相对开阔的水面，空间富有动态变化，耐人寻味，自有高明之处。每逢游园盛会，往往举办唱戏、舞狮、奏乐、杂耍等各种传统表演，并有类似清代御苑“买卖街”的临时店铺，竭尽欢乐。

林家与晚清江南常州籍高官巨富盛宣怀有姻亲关系，林维源曾经造访盛氏所拥有的苏州名园留园——学术界一般认

林家花园泥塑假山

为，林家花园在建造过程中明显受到留园的影响。园中的榕荫大池与留园中央的水池形状略微近似，仙人洞和留园池中的小蓬莱均取仙境之意，且二园都在水池东北两侧设置一系列庭院，定静堂、来青阁等院落大致可与留园的五峰仙馆、鹤所相对应。留园中有一个“汲古得绠处”,与林家花园的“汲古书屋”题名都出自唐代韩愈《秋怀》诗“归愚识夷涂，汲古得脩绠”。此外，林家花园大量采用白粉墙和各种形状的漏窗，也很有江南园林的风致。

就整体而言，林家花园仍是一座典型的闽台园林，道路大多取直，厅、楼、亭、榭、斋、轩等主要建筑均为闽南地区常见式样，造型极为繁复，其中一些建筑故意采用套方、三角、花瓣和平行四边形平面，有猎奇的倾向。墙面多采用红砖砌成，屋顶多铺红瓦，假山则以珊瑚礁和灰泥为材料，

林家花园漏窗与宝瓶栏杆

花木以榕树、茄苳、苦楝、樟树等台湾原生植物为主，均与江南园林大不相同。同时因为林家与海外商户交往较多，眼界开阔，一些装饰手法也受到近代洋风的浸染，如几何式铺地、宝瓶栏杆、玻璃镜等。

林家花园几乎所有景致都设有匾额，多处悬挂楹联，其典故均出自中国传统典籍，反映了深厚的文化内涵，如方鉴斋取南宋理学家朱熹《观书有感》“半亩方塘一鉴开”之意，“开轩一笑”模仿福州一笑亭，取明代陈元珂“开轩面层峤”“见山始一笑”诗意，“横虹卧波”出自唐代杜牧《阿房宫赋》“长桥卧波，不霁何虹”之句。可见此园虽为商人宅园，却不乏文人风韵。

林家花园创建至今，不过一百几十年，却也见证了台湾不同的历史时期，铭刻诸多沧桑印记。现在作为古迹开放，平时少有游人光顾，一派静谧，但绿荫笼罩下的亭台焕发出不甘寂寞的明艳光辉，似乎还能隐约听见昔日的笙歌余音在其间袅袅回荡。

河晏波平寄方池

表现治水主题的淮安清晏园

纵贯中国东部的京杭大运河不但是一条沟通南北的大动脉，也是一条重要的文化线路，沿岸密布古城、古镇，建筑类型十分丰富，其中尤以园林最为繁盛，从南端的杭州一路北上，湖州、嘉兴、苏州、无锡、常州、镇江、扬州、淮安、济宁、德州、天津，直至北京，均为驰誉一时的园林名城。

江苏淮安是古代漕运枢纽城市，历史上曾经先后出现过数百座园林，至今仍保存着一座清晏园，是昔日江南河道总督署的西花园，其景致融合南北园林之长，而且深刻地反映了治水的主题，弥足珍贵。

淮安地区的清口是淮河、黄河、运河三河交汇之处，也是漕运和河道治理的关键所在，水利工程异常繁重。明代永乐年间，漕运总兵陈瑄在淮安府城外利用宋代沙河故道，开凿了一条清江浦运河，直通清口，沿岸建仓储、船厂、榷关，商船车流稠密，集市繁华，两岸民居连绵，逐渐形成了一个以“清江浦”为名的大集镇。

从清初开始，原驻济宁的河道总督靳辅经常亲临清口督察河工，以清江浦已经废弃的一座明代户部分司衙署作为自己的行馆。康熙后期出任河道总督的名臣张鹏翮在行馆西侧修建了一座花园，并开辟水池，奠定了日后清晏园的雏形。

雍正七年（1729 年），朝廷正式在清江浦设立“江南河道总督”一职，并将原行馆扩建为总督署，成为全国范围内最重要的治水衙门。雍正帝还派遣一位名叫雷景仁的皇家风水师前来踏勘风水。

雍正八年至十一年（1730 年—1733 年）间，嵇曾筠出任江南河道总督，对署西花园做了一定的改造，其诗集中留下很多描绘花园盛景的诗篇。花园初名“淮园”，当时的主景是一大片方塘，水上荷花密布，香气远溢，池边有南亭和画舫斋等建筑，嵇曾筠作诗夸耀：“不妨官舍似山家，寂寂空亭水弄霞。十亩莲塘澄晓镜，数枝枫叶敌春花。”

乾隆初期担任河督的满族名臣高斌在清江浦任职时间较长，先于乾隆二年（1737 年）春季在西花园中重建了一座草亭，并命名为“固哉草亭”；又于乾隆十五年在园中新建多座厅堂亭榭，构成荷芳书院十六景，以迎接乾隆帝首次南巡。其中第一景荷芳书院位于园林北侧的正厅，另有两座碑亭分别存放康熙帝赐张鹏翮的“澹泊宁静”御碑和乾隆帝赐高斌的“绩奏安澜”御碑，还有一座水榭临近垂柳依依的池岸，题为“藕花风漾钓鱼丝”。

清晏园“澹泊宁静”御碑亭

清晏园方池与水心亭今景

乾隆十八年（1753年），尹继善继任江南河道总督，次年邀请著名文人袁枚来署园做客，宾主在园中同赏胜景，袁枚离开时作诗赠别：“尚书官舍即平泉，手辟清江十亩烟。池水绿添春雨后，门生来在百花前。”

其后六十多年中又有多位河道总督来这里任职，在花园中徜徉觞咏。乾隆三十年（1765年），河督李宏在水池中央建水心亭，定名为“湛亭”；嘉庆年间，河督吴璥取康熙帝御笔“澹泊宁静”碑铭，改园名为“澹园”，后又取“河清海晏”之意改名为“清晏园”。道光六年（1826年）至十三年（1833年），张井担任河督，曾邀请著名文人钱泳在园中寓居四年之久，后来钱泳在其名著《履园丛话》中对清晏园大加赞赏。

道光十三年至二十二年（1842年）担任河督的麟庆出身于满族文化世家，酷好游览园林名胜，到任之后陆续对全园进行大规模重修。先在园西南堆叠山石，掩盖源头水闸；

又建芦苇矮墙和竹篱，筑茅屋“水木清华”，并在对岸建鹤房、鹿室。之后受著名画师张仙槎所绘图画的启发，重建清晏园中的水亭、曲桥、堂轩、游廊，使得此园的景致更胜从前，还在《鸿雪因缘图记》中留下了多幅描绘清晏园的插图。

咸丰十年二月，捻军攻克清江浦，江南河道总督署与清晏园均惨遭焚掠，除荷芳书院正厅之外的景致大半被毁。同治年间，漕运总督吴棠移驻于此，予以全面重修。光绪二十七年（1901 年），继任漕运总督的陈夔龙曾经从扬州移种百株梅花至此，并在离职之时改园名为“留园”。

此园之后又历经沧桑变故，新中国成立后多次重修，并

清代道光年间河督麟庆与家人在清晏园水心亭纳凉（引自《鸿雪因缘图记》）

作为淮安地区仅存的一座历史名园，于2014年被列为大运河世界文化遗产项目的重要景点。

清晏园现存建筑虽然大部分均为重建，但仍大致呈现清代末叶的历史格局。园门东向，入门即见一组湖石假山，石峰嶙峋，洞穴幽然。沿曲廊北转，过月亮门西折，为蕉吟馆，其西为大水池，形态近方，池北有五间歇山正厅，巍峨宏敞，即为乾隆年间河督高斌所建之荷芳书院。池中央立一座重檐攒尖六角亭，通过曲桥与东岸相接——此亭在道光年间一度以茅草覆顶，后改瓦顶。东岸堆叠假山，山北有较射亭，再北为御碑亭，内存康熙帝御笔“澹泊宁静”碑。

清代光绪年间河督陈夔龙在清晏园赏梅（引自《水流云在图记》）

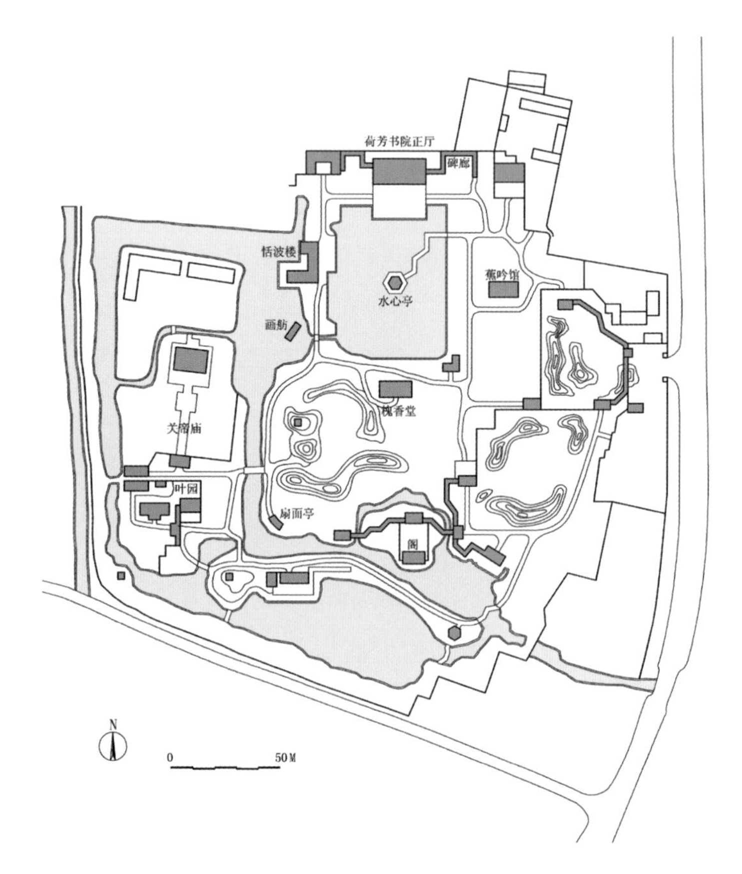

清晏园平面图

荷芳书院之西有紫藤花馆，内藏一株三百年以上树龄的古藤。方池西岸建恬波楼,其南水面上有一座重建的清晏舫,再现了昔日画舫斋的神韵。方池南岸，堆叠大型黄石假山，山北临水建槐香楼，与荷芳书院、水心亭形成一条中轴线。

园西部的关帝庙是一座古庙，其中的大殿尚为明代原构。庙南原有一所旧宅院，并入清晏园后，为了纪念叶挺将

清晏园正厅荷芳书院今景

清晏园南部今景

军而定名为“叶园”。园南原有一座路家花园，后来也与清晏园合并，在蜿蜒的河道边新建扇面亭、楼台建筑和曲折游廊。

清晏园的性质是一座衙署花园，主要供历代总督驻节期间游憩赏玩，园主更迭频繁，与大家熟悉的皇家园林、私家园林有很大差异。

首先，这是一座非常罕见的以“治水”为主题的古典园林。此园不同时期的名称以及其中的建筑匾额均含有治理黄淮水患的寓意——“澹园”“清晏”皆一语双关，既形容人品澹泊或天下太平，也形容风平浪静；乾隆年间，高斌在园中建造正厅，请著名学者蒋衡书写“荷芳书院”匾额，同样一语双关，既形容荷池之芬芳，又以“荷芳”二字兼取“河防”二字的谐音；麟庆曾将园中的衡鉴堂改名为“澜恬风定之轩”，同治年间，园中设“恬波楼”，都表示“安澜平波”之意。中国古典园林中的匾额是凸显主题和渲染意境的重要手段，清晏园的这些题名寄托了历代河道总督敉平水患、平顺河道的最高理想。

园中开辟大水池，形状近于长方形，具有端庄稳重的气质。自唐宋时期以来，中国古典园林常设方形水池，著名者如北宋皇家园林金明池就以规整的方池为主景，岸边设楼，水中平台上建有水心殿。明代晚期之后的江南园林逐渐摒弃这一手法，池沼大多形态曲折多变，富有动感。但清晏园仍坚持营造方池，正是为了强调人工控制下的规整形状和静态特征，进一步体现“人定胜天”“力挽狂澜”的治水主题。

从整体格局上看，清晏园具有疏朗旷达的特点，且拥有明显的中轴线，更近于北方园林，与宛转幽折的江南园林明显不同。

此园以大水池为主景，建筑数量不多，体量合宜，大多依水而建，空间感觉远比同时期的江南园林要涵虚开敞。池中央设小亭，不但形成全园的视觉焦点，而且更加凸显了水面的浩淼宽广，同时又有台榭点缀、曲桥卧波，质朴之中也体现了一定变化。

就建筑形式和假山、植物的处理来看，清晏园又具有素雅细腻的特点，近于江南园林，与粗犷华丽的北方园林迥异。

园中建筑类型包括厅、楼、亭、舫、轩、廊等，飞檐翘角，气韵生动。淮安地区河湖密布，盛产芦苇，古代贫民多以芦苇、茅草为材建造民居，后有官员在园林中以精致的手段进行仿造，称“淮屋”，别有异趣，清晏园一度继承了这一特点，高斌所建的固哉草亭和麟庆所建的倚虹得月亭、水木清华轩、鹤房、鹿室均为茅屋形式，极为清雅，使得这座地位显赫的

清晏园湖石假山今景

总督署花园表现出强烈的文人草堂风味，可惜近现代以后这些富有地方特色的茅草建筑均已不存。

园中假山重视湖石和黄石，重修后依然达到较高水准。当年园中花木极盛，水中遍植荷花，岸边围以高大的柳树，千枝万缕，依依临水。此外还有油松、紫藤、梧桐、芭蕉、竹子，各有巧妙。园之一隅曾设四件松树盆景，置于石板之上，姿态极佳，传说当年曾经得到乾隆帝的赞赏，将之比拟为苏州邓蔚山的汉柏“清奇古怪”。

三百多年间，清晏园见证了黄淮治水工程的成败得失，也是清江浦繁华与盛衰的直接象征，不同时期的园景虽有变化，却始终保持原有的意境特征，澄静的方池之上荷香依旧，引人流连。

园亭参差梧竹影

淮安河下
名园记略

淮安是京杭大运河沿岸的一座古城，历史始于东晋时期的山阳郡城，历代均倚为东南重镇。明清两朝的淮安府城兼为山阳县城，由旧城、联城、新城三部分组成，在城外西北处有一座古镇名曰“河下”，旧名“西湖嘴”，属于关厢地区，“东襟新城，西控板闸，南带运河，北倚河北，舟车杂还，夙称要冲”，自明代中叶至清代道光三百余年间极为繁盛，车马漕船往来不绝，商贾云集，文士辈出，有“小扬州”的美誉。

明清两代的河下古镇在有限的范围内先后兴筑了一百多座私家园林，景致融合南北之长，山环水复，亭榭相接，楼台起伏，花木清幽，意境深远，达到很高的艺术水平，拥有多重文化内涵，约略可媲美苏扬二州，故而明代大学士邱浚有诗句称赞：“扬州千载繁华景，移在西湖嘴上头。”清代后期以来连续遭遇天灾人祸，河下园林渐次颓败，其原构竟无

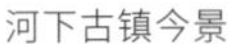

河下古镇今景

清代名医吴鞠通问心堂重建景象

一留存至今，难免令人有黍离麦秀之感。

幸运的是，古镇旧有的水系环境、街巷格局和部分民宅店铺尚得以大致保存，而且明清以来的方志中对河下园林多有记载，历代墨客雅士留下了大量的诗词文赋和笔记著作，列述其盛况，足以让今人知道，在河下这片并不广阔的土地上，昔日曾经盛开过如此绚丽的园林奇葩。

◎ 餐花吟馆

自唐宋以来，有很多文人热衷于为园林撰写园记，留下了不少著名的篇章，比如唐代白居易《庐山草堂记》、北宋司马光《独乐园记》等。有的文人还为整座城市留下园记总集，例如北宋李格非的《洛阳名园记》、明代刘侗和于奕正合作的《帝京景物略》、清代李斗的《扬州画舫录》，备述洛阳、北京、扬州三地的园林之盛。

清代咸丰年间，一位名叫李元庚的河下人也完成了一部

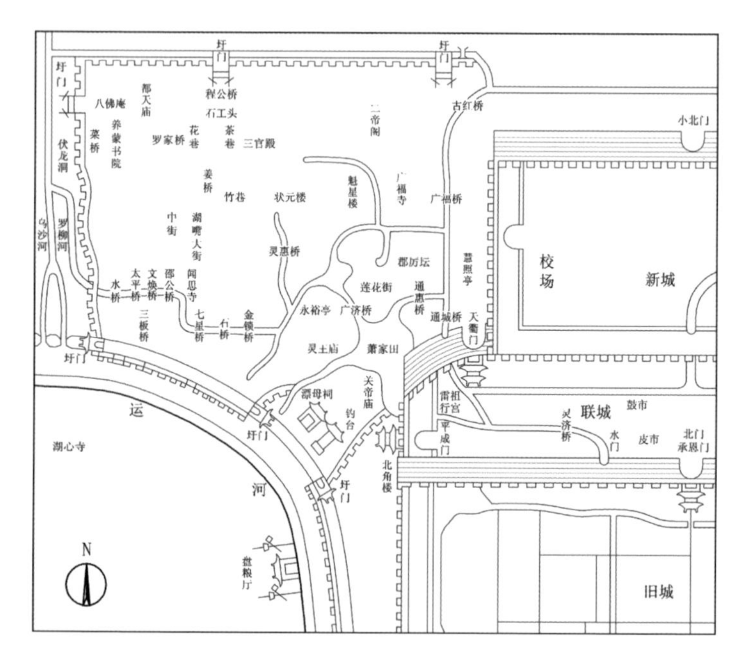

清代同治年间《山阳城隍圩砦图》中的河下古镇平面图（贾珺摹自《山阳县志》）

《山阳河下园亭记》，足以与以上名著相媲美，河下也以一镇之地，堪与其他园林名城同载于史册。

李元庚（1802 年—1874 年）字星桥，又字薪桥、莘樵，道光十年（1830 年）诸生，祖先是苏州人，明代嘉靖年间移居淮安府山阳县西湖嘴。其家族原先以经商为主，后来逐渐转修儒业，连续七代取得秀才的功名。李元庚本人很有才学，对故乡掌故十分熟悉，有《山阳河下园亭记》《望社姓氏考》《餐花吟馆诗集》《梓里待征录》等多种著作传世，其中作于咸丰年间的《山阳河下园亭记》通过踏勘访游、辑录文献、考订故实，详细记述了河下地区明代以来的 65 座园林。

扬州小盘谷

宣统三年（1911 年），李元庚的孙子李鸿年作有一部《山阳河下园亭记续编》，补叙园林 31 处，祖孙二人前后相继，堪称佳话。20 世纪 40 年代至 50 年代，当地另一位文士汪继先又作《山阳河下园亭记补编》，增录园林 18 处。三书共载河下园亭 114 处，此外还有少量园林见载于其他文献或流传于民间口碑。

李家在河下地区曾经几次更换住所，李元庚的祖父李长发住在仓桥下关家巷的绿天书屋，后来李元庚移居曲坊巷，重新建造了一座宅园，初拟名为“补园”，后定名为“餐花吟馆”。

此园的主要建筑大多沿用李氏故园的旧名。正厅三间，名叫“玉诜堂”，可能出自宋代诗僧大观禅师的词句“罗列堂下兮兰玉诜诜”；堂西两间小室即为餐花吟馆，用作书房。北侧有半亩空地，筑惕介山檠，在其东壁墙外摆放了 300 多块

沈坤状元府重建景象

造型特异的山石。西侧有一道竹门，取“竹”字的一半，题名为“个中”，穿竹径而入，其西设“篔筜小舍”；从南侧再穿一门，可沿着曲廊登上假山“小盘谷”，其名典出唐代韩愈《送李愿归盘谷序》——盘谷位于河南济源太行山之南，是一条在两山之间盘旋的山谷，扬州也有一座园林名为“小盆谷”，同样以假山著称。由东侧下山，转而向北，可见以茅草筑成的晚香草堂。

宅南辟菊圃，种有一百多种菊花，李元庚的女儿根据不同的颜色，以小楷字将这些菊花记录成册。李氏原来还打算建“知所止斋”和“枕经书屋”，但没有完成。

这座宅园大有文人雅致，“玉诜”“餐花”“愓介”“个中”“篔筜”等题名都相当不俗。咸丰十年捻军焚掠河下，餐花吟馆幸免于难，但150年后的今日，其遗迹早已无可追寻。

成都杜甫草堂

◎ 恢台绕来

恢台园位于萧湖东南岸，是明末退休官宦夏曰瑚的宅园。夏曰瑚字肤公，号涂山，年轻时即有文名，被乡人目为奇才。崇祯四年探花及第，授翰林院编修。

明清两代，河下镇的居民十分重视科举，无论是富豪之门还是贫寒之家都把子弟读书应考当做头等大事，因此科甲鼎盛，共出了60多位进士，其中包括状元、榜眼、探花各一，状元是明朝嘉靖年间的沈坤，榜眼是清朝乾隆年间的汪廷珍，夏曰瑚就是那位探花。

夏曰瑚任职不久就因病退休还乡，在萧湖之滨构筑恢台园，从此留连园中，饮酒赋诗，自得其乐。可惜不到一年就去世了。恢台园旧址在清代成为福建庵，后改福建会馆。

园中搭建花棚，堆砌乱石假山，种植了很多高大的柳树。周围环境极为优美，东侧临近城墙，南北均有大片水面，沿岸酒家、妓馆、佛寺、高塔相望，相邻之处有好几座园林，溪流环绕其间，因此又名“绕来园”。

夏曰瑚本人有诗云：“傍水成幽筑，诛茅得草堂。所期垂钓处，俨似浣花庄。杨柳月初上，薜萝风正凉。何能谢缨冕，读《易》

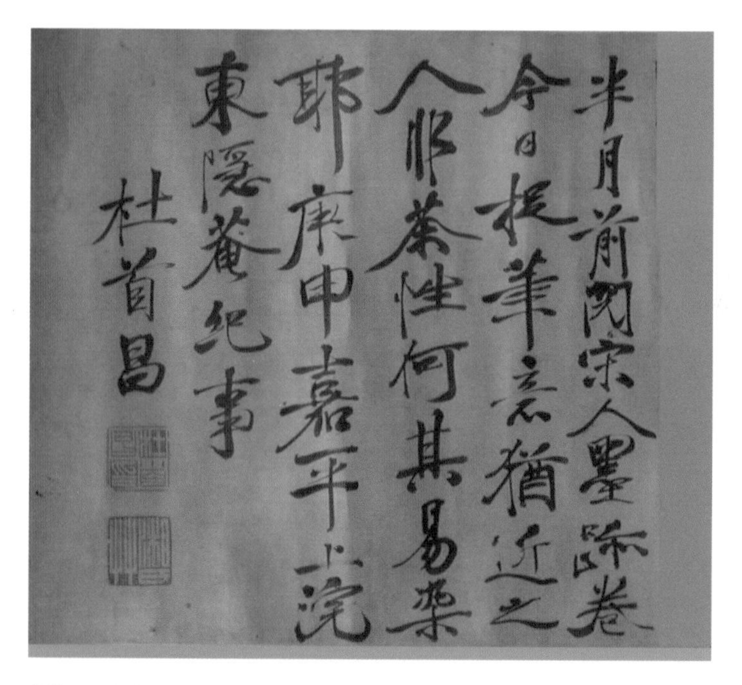

杜首昌墨迹（淮安区文史委员会提供）

濯沧浪。”诗中将此园比作唐代大诗人杜甫在成都浣花溪上所建的草堂，并且说自己甘心辞去官职，以读《易经》、濯沧浪之水为乐，表现出高洁的志趣。

◎ 绾秀风流

绾秀园位于湖嘴，是明代富商杜氏宅园。杜氏祖籍山西太原，世居河下，因为经营盐务而成为巨富，素以资产雄厚而著称。

明末园主杜光绍有秀才功名。崇祯十七年（1644 年）李

苏州网师园月到风来亭

自成攻破北京，三月福王、周王、潞王、崇王四位藩王来淮安避难，福王朱由崧曾经在杜氏宅园借住一月之久，五月至南京，被拥立为监国，建立南明弘光政权。福王昏庸荒淫，次年即告覆灭，被清廷杀害。传说杜氏有女貌美才慧，福王约征为皇后。如果故事属实，恐怕是一出悲剧。

清初，绾秀园由杜首昌继承。杜首昌字湘草，十分喜好读书，擅长诗词、草书，他不愿意经营生意，坐吃山空，家道竟然慢慢中落。杜首昌经常在园中举行雅集，与当地文人交往，留下不少诗词题咏，格调颇为风雅，绝非庸商俗贾可比。杜氏有两句诗很有名："黄鹂养就娇性情，骂得桃花没处飞。"当时人称他为"杜黄鹂"，并将他比作汉末名士孔融。

此园临近西湖，其中设有挥麈亭、如如室、天心水面亭，假山上竖立三座灵秀的石峰，景致极美，号称"淮阴园亭极胜者”。其中“如如室”是杜首昌独坐冥思或用来招待朋友小饮的场所，典出唐代白居易《读禅经》诗：“不禅不动即如如”。“天心水面亭”借用北宋理学家邵雍《清夜吟》中的两句诗“月到天心处，风来水面时”，由此揣度，此亭应该浮在水面上，夜间可与倒影的明月作伴。苏州网师园中有一座“月到风来亭”，与“天心水面亭”用的是同一个典故，可作联想参照。

萧湖风光

清代后期杜氏园废毁，旧址尚存四尺见方的巨石，据说是当年福王所住的大厅的柱础，可见其宏伟之势。

◎ 依绿柳衣

明清两代，淮安河下园林总数逾百，其中名气最大的当属依绿园。此园位于萧湖西岸，园名“依绿”，典出唐代杜甫《陪郑广文游何将军山林》诗：“名园依绿水，野竹上青霄”，强调园址依邻绿波荡漾的萧湖。

清代顺治六年（1649 年），山阳县文士张新标（字鞠存）高中进士，后曾担任吏部主事，告老还乡后筑此园自居。其子张鸿烈字毅文，也是一位博学才子，康熙十八年进士，

清代边寿民绘《芦雁图》（清华大学建筑学院图书馆提供）

出任翰林院检讨之职，告老还乡后继承此园，曾主持纂修《山阳县志》。

依绿园三面环湖，大门临水，西南处为三间正楼曲江楼，楼下墙壁上嵌石碑，上刻西汉张良（爵封留侯）、北宋张载（号横渠先生）、南宋张栻（号南轩）等三位张氏古代先贤画像；又有三间云起阁面东而立，在此可临瞰萧湖，远望城墙雉堞；云起阁北为涵清轩，其西为娱轩。园中辟有荷池，西南设船房六间，东部题为“水西亭”，西部题为“半亩方塘”。北侧有亭名“万斛香”，后门设四扇竹扉。园中另有水仙别馆、香雪山房等景致，当分别以水仙花和梅花为胜。张氏在依绿园中经常聚集四方文人，举办诗赋雅集，观荷赏花，吟咏累日。

张新标曾经作《依绿园八首》诗详细描绘其景致之美，称：“快得园亭绿水依，水浮一绿几重围。”由诗意可知，园中路径或斜或正，以竹篱相隔，水池岸边萦绕游廊，另有书屋、水阁与水相依；春日有红杏、白梅，夏日有荷花，秋日有梧桐、垂柳；园外可借萧湖、城墙、运河渡口、行船以及相邻园亭之景，意境悠远。

依绿园后来归属大盐商程朝宣（字二樵），传其子程埈（字大川），加以扩建，并更名为“柳衣园”，以形容周围烟柳笼罩的环境特征。嘉庆、道光年间协办大学士英和曾经为此园题写“柳衣园”匾额。

园归程氏后，由程埈堂弟程垲（字爽林）、程嗣立（字风衣）领衔在园中组织文社，大江南北文彦云集于此，程嗣立与当地名士周振采、刘培元、刘培风、王家贲、邱谨、邱重慕、吴宁谧、边寿民、戴大纯合称“曲江十子”，诸人诗作汇为《曲江楼稿》，风行一时，为诗坛一大盛事。其中边寿民是清代著名画家，字颐公，又字渐僧、墨仙，号苇间居士，擅长画花鸟、山水、蔬果，笔下的芦苇、大雁尤其称绝，人称“边芦雁”。

关于此园，还有一个神秘的掌故。乾隆二十八年，学者史震林在程家担任私塾教师，住在云起阁，有一天看见对岸火光冲天，好像有一条龙腾空而上。第二天史老先生告诉东家程氏兄弟说河下的龙气跑掉了，不久就会走向衰败。果然第二年秋天老坝口决堤，河下被淹，大伤元气。

后来，此园曾经再度更换主人。乾隆年间淮安著名学者吴玉搢是张鸿烈的外孙，曾听母亲说起园中风景，吴氏年轻时也曾在曲江楼下饮酒，回忆往昔，不胜感慨。

苏州留园冠云峰

◎ 止园奇峰

止园位于萧湖郭家池一带，是清初退职官员黄宣泰宅园。黄宣泰字兰岩，顺治六年进士，曾经出任宁夏道，告老回乡后修筑此园。黄宣泰对梅花情有独钟，在园中广植梅花，把正厅称作“梅花屋”，又堆叠假山梅花岭，此外还开辟了一片藕塘。中国古代以梅花著称的山岭有很多，如南昌梅岭、苏州邓尉山、岭南罗浮山，园林中也经常筑土丘种梅，被《园冶》称作“锄岭栽梅，可并庾公故迹”，止园正是一个典型的例证。

梅花岭本身是一座土山，山顶立有一株奇石，名曰“美人峰”，高达三丈，极为秀美。中国古典园林最推崇玲珑多窍的湖石，常常把一些形态高大、姿态秀丽的湖石单独陈列，或者竖立在山顶上，苏州留园的冠云峰高约 5.7 米，被誉为江南第一名石。河下园林也很喜欢采用这一手法，不少名园都拥有一两块这样的湖石，黄氏止园梅花岭上的美人峰是其

北方园林中的黄石冰纹墙

江南园林中的白粉墙

中最著名的例子，高度约合 9.6 米，应比冠云峰更胜一筹。

黄宣泰次子黄之翰，字大宗，是一位文人，性情豪迈，喜欢在止园宴集宾客，谈论诗文，某年重阳节有数百人来此雅集，并登假山赏景，轰动一时。

止园后来归属徽州籍盐商曹氏，改称曹家山。美人峰被曹锡侯买走，他打算将之运回安徽老家，不幸在江上乘船遇风，遗落水中，一代名石就此湮没，十分可惜。

◎ 且园幽趣

清代河下镇有两座且园，一座为康熙、雍正年间内阁中书李时震的宅园，位于小绳巷，规模较小，园中有颐堂、玉立山房、桂白亭、养拙楼、云岫阁；另一座且园位于河下镇

苏州留园曲折的庭院空间

亘字店巷东、文字店巷西，规模较大，园主程鏊，字艺农，号秋水，出身盐商世家，乾隆年间曾经担任刑部官员。

程氏且园设有二十二景，比唐代诗人王维的辋川别业二十景还多出两景。宅门朝东，二门西南位置设一方砖所砌的大门，入门堆有土坡，坡上竖立几块巨石，旁依垂杨。土坡之北有石径，折而向南，过一甬道，上题“且园”二字，左侧墙为北方园林常用的黄石冰纹墙（虎皮石墙），右侧墙为江南园林中常见的白粉壁，以一线之地兼南北之长。甬道中立有一架紫藤，铺地采用白帆石，上面刻凿水浪花纹。甬道西端小院北侧开辟一个圆形随墙门，门内为三间小厅藤花书屋。

小厅之外辟大水池，池水宽阔，其中有小船游弋。环池设正堂芙蓉堂以及小舫轩、大舫轩、春雨楼等建筑，临水取胜。除此之外，园中另有林下堂、俯淮楼、十字亭、古香阁、接叶亭、春雨楼、云山楼、方轩等诸景。

程艺农少年时在扬州寓居，家境贫寒，曾经在一条僻陋小巷中遇到一位妇人，妇人问他为什么愁眉苦脸，程氏告知自己的穷困窘态，妇人于是送给他二百两银子，并指点他去官府购买盐引，他由此成为盐商，逐渐致富。程氏发达后再去扬州寻访这位妇人，只看见一片荒地，不由怀疑自己遇到了仙女。故园中专门修筑了一座林下堂，以纪念这段奇遇，堂周围皆种梅树。春雨楼内部不设楼梯，从楼外的假山盘旋而上。

且园是河下名园中结构最曲折的一座，充分展现了中国古典园林曲径通幽、庭院深深的特点，其布局与苏州留园大有异曲同工之妙。同族的程锺有诗赞誉此园："秋水诗人俊逸才，且园当日辟蒿莱。俯淮楼回宵看月，林下堂深晓咏梅。"程艺农去世后，且园归另一位退职官员吴超所有，依然保持原有景致。

苏州拙政园听雨轩

元代王蒙绘《东山草堂图》(台北故宫博物院藏)

◎ 带柳小圃

淮安府河下镇私家园林既有纤巧豪奢的官僚、富商之园，也有不少萧疏淡雅的文人小园，吴进的带柳园就是其中的佼佼者。

吴进号飏村，是乾隆初年的秀才，自幼家境贫寒，性情耿直，不喜欢与人交往，平生以开设私塾为业，著有《一咏轩诗集》《山阳志补遗》《诗见》，名气不大，却是一位有真才实学的硕儒。

吴进的宅园名叫带柳园，位于萧湖湖滨、莲花街南，位置相对偏僻，周围有几十棵古柳，环绕如带，因以为名。

园中格局紧凑而曲折，筑有草屋八九间，分别题为澹中堂、澹怀堂、红药草堂、碧润、听雨楼、一咏轩，旁边种了几株花卉，另外还在空地上开辟菜圃和鱼池，吴进本人亲自种瓜、植豆、养鱼。夏天他还乘小船从水中采摘蒲棒，点燃驱蚊；冬天采摘蒲絮，纳进被子中代替棉絮，并以柳枝为炭烧火取暖。

从上古时代起，田圃就是园林的重要源头。到了魏晋时期，官僚、文人的庄园和田园式别业大量兴起，菜圃和农田在园林中也已经成为常见的表现内容。唐代以后的文人园林中也经常设有类似村舍风格的屋宇，采用竹篱茅舍的样式，与菜圃、农田相得益彰，如杜甫的成都草堂、白居易的庐山草堂、卢鸿的嵩山草堂均得享大名，历代画家也绘制过多幅《草堂图》。

淮安地区属于水乡，盛产芦苇、茅草，民间经常以此为

清代郑板桥绘《竹石图》（清华大学建筑学院图书馆提供）

材料建造民居，一些园林中也精心仿造，营造草堂、茅屋、草亭、墙垣之类，宛如图画。明末清初著名史学家谈迁北游路过河下，曾经写过一首诗，题目就叫“淮人垣壁多苇萧，朴洁可爱”。

与历史上的文人名园相比，吴进的带柳园只是一座名不见经传的草庐小筑，虽然简朴之极，却大有田园之乐，依稀可见昔日五柳先生的遗风，令人钦慕。

◎ 潜天而隐

明清时期，河下古镇的居民有相当一部分是外地人，其中尤以安徽徽州地区为多，还有一些来自山西、陕西、河南等地，也有少数是外国人的后裔，例如著名学者陈丙的祖先就是越南人。

越南古称安南，长期受中华文明影响，其政治体制、城市建设、文化传统大多与中国类似，并向中国称藩纳贡。南宋宝庆元年（1225年），陈煚取代李氏王朝建立陈氏王朝。

陈氏统治安南 175 年之久，直到明朝建文二年（1400 年）国中发生叛乱，胡一元推翻陈朝，建立大虞。明成祖朱棣即位后曾经派兵征讨，攻灭胡氏政权，并四处寻访陈氏后人复位而不得，遂在安南设交趾布政司，纳入中国直辖版图。

但实际上陈氏并非没有后人。陈丙的祖先就是安南陈氏国王的嫡系后裔，国内发生动乱后移居中国避难，曾经在扬州经营盐务，后家道中落。陈丙年纪很小的时候父亲就去世了，母亲曹氏的娘家在河下有生意经营，于是就带着他前来投奔。

陈丙在河下得到很好的教育，没有投身商业，毕生以钻研儒家学术为己任，虽曾中秀才，却无意继续追求功名，热衷于心性之学，晚年又精研佛、道二教，成为当地的饱学名士，著有《潜天老人笔谈》。

陈丙的宅园位于竹巷广福寺南巷内，名叫“潜天坞”，可能出自西汉文学家扬雄“潜天而天，潜地而地”的典故。其中建有两间书斋，题为“第一句庵”。院子里有一座小假山，用太湖石峰一层一层堆叠而成，周围种几百竿竹子，东西两侧环以游廊，旁边凿了一口水井，格局极为简单，却别有洞天，很有仙乡禅境的味道。

苏州拙政园文征明手植紫藤

◎ 荻庄胜境

明清时期的河下镇扼守运河要道，附近的坝闸为水陆运输的转换之所，并且设有造船厂，因此各路商家汇集于此，尤以盐商最为豪富，生活奢华，十分热衷于兴造园林。

淮安盐商的原籍大多为安徽徽州，尤其以程氏最为鼎盛，《山阳河下园亭记》所记65处园林中有22处曾属于程氏家族所有，占了三分之一，其中荻庄是最有名的一座。

荻庄位于萧湖中莲花街，为清代乾隆年

清代徐扬绘《乾隆帝南巡图》（中国国家博物馆藏）

间大盐商程鉴别业。程鉴字我观，号镜斋，幼年贫穷，因经营盐务而家境大富。“荻”是一种亲水的草本植物,形似芦苇，此园以此为名，具有强烈的地方特色。

园三面临水，其中正厅五间，名“廓其有容之堂”，由高凤翰题额，面南依水；东侧接小轩平安馆舍，背临百竿翠竹；东厢位置有三间带湖草堂,淮安知府王文治题额,堂外辟水池，内种荷花，岸边又种桃树几十株；西厢位置建三间绿云红雨山居，旁依假山，山侧有绘声阁。西有船房名“虚游”，王虚舟题额，墙间嵌《五老宴集处》石碑。

园中有一株紫藤，长三四丈，枝干虬结。园内又堆土山，上立峰石，临山构华溪渔隐，山后筑松下清斋，旁有三间小轩名“小山丛桂留人”，漕运总督铁保题额。此外还有岫窗、香草庵、春草闲房等八九处建筑。

此园为河下园林之规模较大者，兼富丽堂皇与精奇典雅于一身。乾隆四十九年（1784 年），乾隆帝南巡，负责接驾的盐务官员曾经打算在此设临时行宫以开御宴，后因诸盐商筹款不足而作罢。当时的高官、名士也多曾拜访此园，名气极大。刘作柱有诗咏道：“轻舟棹入荻芦丛，篱竹弯弯曲径通。几处回廊烟渚外，一重古木画图中。”

按照邱奂《〈梦游荻庄图〉题后》的记载，嘉庆年间荻庄已经逐渐颓败，嘉庆十六到十七年（1811 年—1812 年）有潘姓文人为之作《程氏废园记》。嘉庆二十五年（1820 年），程氏后人程蔼人曾对园林进行重修，与乡贤在此雅集酬唱，绘图纪事，但已无法与当年烈火烹油、繁花着锦的盛况相提并论。

◎ 可继之轩

可继轩位于梅家巷端头，为盐商程埈宅园。程埈字大川、眷谷，是大盐商程朝宣（字二樵）之子。

传说此园前身是明代状元、南京国子监祭酒沈坤的故宅。园门内设斯美堂，向东入一座八角门，可见一座菉竹堂，面南背北，其后为兼山堂，再北为新厅、听汲轩；兼山堂一侧有枣花楼，再折而向东，筑六有斋、怡怡楼，听汲轩附近的另一座小轩就是可继轩。程埈本人终生以盐务为业，却很羡慕其堂兄程垲、程嗣立文采风流，驰名文坛，在园中筑“可继轩”，是希望子孙能够继承自己的志愿，在学术文章方面有所成就。

兼山堂东侧有一座三间小室，面宽不过两丈，进深一丈，前临大街，平时很嘈杂。屋子东墙下种有二株杞树，均为百年古木，枝干都有八九尺长，形象却截然相反，一株清瘦遒劲，枝条垂地，叶子细，果实红而甘甜；另一株粗壮坚实，昂然高举，叶子肥大，果实颜色如蜜，味道很酸。程埈的堂兄程嗣立曾经在兼山堂居住，特别喜欢这两株杞树，把这座小室定名为“二杞堂”，经常在树下坐卧，忘却了外面的喧嚣。

苏州网师园殿春簃

扬州何园楼阁

◎ 寓园高阁

寓园又名可园、可以园，位于河下镇竹巷大街，后门开在柳家巷，为退休官宦程易宅园。程易字圣则，出身于盐商世家，自幼读书，乾隆年间曾候补两淮盐运副使，署嘉松分司、石门知县，颇有官声。嘉庆元年赴京参与乾隆帝举办的千叟宴，获四品京官荣衔。

园在宅院之东，在正厅旁叠假山，从山洞进入花园。园西侧筑高楼，雕梁画栋、朱栏玉砌，颇具气势，周边叠石连绵，以代墙垣。园中水池宽阔深邃，上架十丈红桥。假山之间峰回路转，高处建有翼然亭，亭下立狮子石，盘空矗立，姿态不凡。

三间正厅名“平远山堂”，西为樵峰阁和三间荫绿草堂，北为香云馆、半红楼，东侧设长长的园墙，上辟门洞，有三间横廊，白石铺地，另有一处合六间为一间的敞轩名“揽秀”，是赏曲的地方；西侧设门，有梁山舟所题石匾额“寓园”；揽秀东侧又筑跃如楼，三面立红色栏杆，二层与大街东侧的另一座楼房相连，形成过街楼。楼下有敞厅殿春轩，院中种芍药，

《澄潭诗社图》上的寓园风光（贾珺摹）

旁设射圃箭道。芍药通常春末开花，故有“殿春”之誉，苏州网师园中有一座殿春簃，与寓园的殿春轩很相似。

此外，园中还有涌云楼、卿云楼、得月楼、蕴藉楼、作赋楼、澄潭山房等建筑，楼阁数量明显超过普通宅园，连绵相望，很有气魄，可与扬州何园媲美。于时泰有诗赞曰：“山外有山楼外楼，屋中更见屋通幽。一泓清水池塘静，四面轩亭倒影流。阑干曲折相回向，人语依稀互酬唱。虬藤怪石密周遮，北垞南荣隔屏障。”

淮北盐运分司的官员张永贵曾经在澄潭山房借住，并组织“澄潭诗社”，作《澄潭诗社图》描绘此园风光。从图上来看，园中有水池，池上架设曲桥，沿岸叠石斑驳，周围建敞厅、小亭、游廊，植物种类丰富。

寓园重建景象

寓园后来易主，并被改为桐荫园茶社，楼阁亭榭大多倾圮无存，只剩下一座荫绿草堂和一片残山剩水，仍有清幽之气。到了清末时期，寓园旧址被王氏购为宅园，更名为研诒斋，假山和荷塘略存旧貌。王氏后人中出了一位王觐宸，字广伯，于民国初年完成了一部《淮安河下志》，是关于河下古镇的重要史料。

近年河下古镇结合沈坤状元府的布局重建了寓园的部分景致，但与文献记载有所出入，并非原貌。

程嗣立书画（淮安区文史委员会提供）

◎ 野水菰蒲

菰蒲曲位于河下古镇西南侧的伏龙洞，筑于乾隆年间，园主程嗣立字风衣，号篁村、水南先生，出身盐商世家，却以文人名士自居，擅长诗文书画，与当时的文坛名人多有交游。

此园临近程嗣立母亲的墓地，规模较小，居此兼有守庐尽孝的含义。园门为柴扉形式，入门后有绿柳夹径，穿小桥，隐含山林之气，正堂为籍慎堂，内藏有很多古书。堂西接长廊，通向一座方亭，亭旁植树一株绿牡丹。园北深处筑有一楼，楼上悬有程嗣立本人所绘的观音像。

楼外有古树数株，其中包括一棵大银杏，枝干粗壮，可容一人合抱，移栽时有一对喜鹊绕着树不停地飞翔啼鸣，等树重新入土后，这对喜鹊就在树上筑巢，很有些喜庆色彩。园名“菰蒲曲”，可见临近的浅水中长着菰和蒲，其嫩茎可食，是朴素的乡土风味。园中建筑包括来鹤轩、晚翠山房、林艿山馆等。

程嗣立在园中召集文友，诗文酬答，留下了不少描绘园景的诗篇。例如程崟诗云：“野水环屋外，悠然风月俱。柴门通略彴，中有隐者庐。亭亭竹千个，落落梅数株。小阁一眺览，平远铺青芜。谁投盘古句，顿入辋川图。闲行玩鸟鱼，独坐拥图书。百年守丘陇，寸心答勤劬。此中有真意，非樵亦非渔。”可见此园风貌类似隐士草庐，其中另有竹林、梅花，登小阁可以远眺，意境深远。

程嗣立还是一位戏曲鉴赏家。乾隆七年（1742 年）正月某日雪天之后，园中开演《双簪记》，程嗣立邀请一些朋友共同欣赏。当晚明月高悬，树梢上悬挂花灯，灿若星辰，与雪

河下古镇摇绳巷

宁波天一阁

月互相映照，加上悦耳的丝竹管弦和柔美的曲调唱腔，令人陶醉。

◎ 一卷一勺

昔日河下镇规模不大，却拥有一百多条街巷，很多巷道都以其中的作坊、店铺的行业名称来命名，例如钉铁巷、摇绳巷、粉章巷、干鱼巷、茶巷、锡巷、竹巷、花巷、羊肉巷、绳巷等，很有特色。其中钉铁巷可能开设了不少钉铁铺子，亦有一座别致的小园隐藏其中，在当当的钉铁声中独得幽静。这座宅园的前身为钱氏宅园，乾隆年间被文人汪汲购得，改为一卷一勺园。

汪汲字葵田，清河县人，从清江浦移居河下。此人长于经学研究，藏书万卷，著述甚丰，有《事物原会》《竹林消夏录》《日知录集释》等传世。

花园门设在宅门偏东位置，穿竹径而入，门上题“一卷一勺”匾额。园内堆土山，上叠峰峦。山旁筑书屋五间，其屋顶处理成平台，外接五间抱厦，从土山可以登上平台，赏景休憩。东部有轩名“似村居”，后为“围尺山房”。

园中还有一座藏书楼，贮书十余万卷。古代藏书比今天要困难得多，一般超过万卷就很了不起了，明代宁波著名藏书楼天一阁鼎盛时期的藏书也不过七万多卷，而一卷一勺园的藏书居然超过十万卷，可见古代河下书香之浓。

此园名为“一卷一勺”，大概取一卷书、一勺水之意，以

苏州拙政园梧竹幽居

示谦虚。景致虽简单，却别有清逸之气。道光年间文人丁晏有诗描绘此园意趣："黄蝶穿篱粘粉翅，赤鱼浮水耀金鳞。临池洗墨饶清兴，博得园中自在身。"

◎ 梧竹山房

梧竹山房位于河下镇相家湾街，为清代嘉庆、道光年间文人杨皋兰宅园。杨皋兰字露滋，号相湾老圃，长期以设帐课徒为业。

此宅园中央为正房三间，前种两株梧桐树，初名双桐书屋，后改梧竹山房;屋外设月台，上建一亭。正房对面堆土山，山上有一棵古树，枝叶繁茂；土山之侧辟有水池，水深数尺，蓄有游鱼。向东穿过墙上的圆形门洞，可来到一个别院，中间建有一间静室。西部以竹篱间隔，种植数百竿竹子。

梧桐又名青桐，是一种落叶大乔木，枝干挺直，叶大形美，

苏州留园五峰仙馆

在中国古典诗词中常与凤凰联系在一起，并具有秋意、悲愁等特殊意象，河下地区的梧竹山房、小桐园、倚桐轩、绿桐精舍诸园均以高大的梧桐为标志性景观。竹素有君子之喻，且具清新脱俗的气质，很受文人学士的喜爱。淮安水土宜于竹子的生长，因此河下园亭中几乎无园不竹。梧竹山房园以梧桐、翠竹为胜，又辟土山、水池，最具有清幽之气，与苏州拙政园梧竹幽居一景非常相似。

阮锺瑗有诗称道梧竹山房园景之美："苇间居士水边屋，结构天然云林侔。石路荦确藓纹细，翠竹碧梧轻阴稠。谁家池馆借粉本，十年树木双株留。龙门百尺荫夏屋，高柯蔽日孙枝抽。"诗中夸赞此园布局自然得体，堪比元代大画家倪瓒（号云林）的手笔，石头铺砌的小径苔痕细密，竹影与桐荫交映，尤其正房前的两株梧桐高大茂密，遮盖屋檐。

清河县文庙大成殿

河下镇湖嘴大街

◎ 懋敷楠堂

懋敷堂位于淮安河下大绳巷，是盐商程梦鼐宅园。程梦鼐字巨函，拥有贡生身份。懋敷堂实际上是宅中正厅之名，五间屋宇，高大广阔，上悬归宣光所书匾额。堂后有几十间房屋，其中一座后楼的栋梁均以柏木制成。花园位于西侧，其正厅以楠木建成，称楠木厅，周围的亭轩游廊曲折幽深，四周点缀山石花木，引人入胜。

楠木是一种极为珍贵的木材，质地坚硬，纹理精致，经久耐腐，主要用于宫殿、皇陵和寺观的大殿，官员府邸和民间住宅如果擅自使用，往往被看做是一种僭越的行为。傅恒是清朝乾隆年间最受宠的大臣，官至极品，权势熏天，曾经在自己京城花园中用楠木修建了一座华丽的楼阁，乾隆帝得知后说第二天想过来看看，傅恒赶紧让人连夜将楼阁拆掉，木料捐给一座佛寺，以免犯下大错。古代建筑规制之严，由此可见一斑。

清代淮扬和苏杭地区富甲天下，却远离京师，一些富商的花园屡屡出现楠木营造的大厅，虽然也有奢侈逾制的问题，大家却不以为意。苏州留园现存的五峰仙馆也是一座楠木厅，与懋敷堂花园中的楠木厅性质相似。顺便说一下，明代淮安府署的正堂镇淮堂也用楠木修建，清代康熙年间朝廷征集楠木，地方官奉旨将此堂拆毁，后来又用其他木料重建了一座。

程梦鼐的孙子程振扬曾任山西河东道，因官场弊案受牵连，宅园被官府抄没，后来改作淮北批验盐引所公署。道光初年，批验官员林树保密谋盐运改道，引发盐业工人抗议，上千人持香拥往公署争执，混乱中将园中楠木厅点燃，烧了一天一夜。

咸丰十年，河下地区遭遇捻军焚掠，之后懋敷堂旧园中剩余建筑都被拆除，材料用于重修淮安府城、府衙和清河县文庙，全园彻底成为一片废墟。

◎ 引翼紫藤

引翼堂位于河下镇湖嘴大街，为退休官宦丁兆祺宅园，其前身为盐商程维吉宅园。丁兆祺字祥符，嘉庆年间曾任正宁知县、武昌知府、江西盐法道等职，后辞官归乡，购得程氏旧园，重修后在此居住养老，园中建筑的名称大多被更换。

宅园正堂原名衍庆堂，被丁兆祺改为“引翼堂”。所谓“引翼”，典出《诗经·大雅·行苇》：“黄耇台背，以引以翼。”意思是高寿的老人体态龙钟，行路不便，需要加以引导扶持。

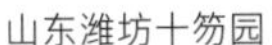

山东潍坊十笏园

广州番禺余荫山房彩色玻璃窗

堂南有深房曲室，院中置有紫藤一架，旁边的小厅原名“紫藤书屋”，被改为“藤花厅”，邻近留荫山房。后院种植松树和槐树，一侧的藏书室名叫“学松斋”，旁边另有一座清槐堂，被改为“法藏永劫之堂”。

“法藏永劫”是佛教尊者摩诃迦叶的称号，此堂可能用于供佛，所以新题了这样的匾额。此堂极为宽敞，奇特之处在于堂中有四根柱子，相传柱下各有一井，不知是何用途。堂后种竹数百竿，有寒碧之气，夏天最适合乘凉。

程氏在此园居住时，喜欢大宴宾客，“酣歌恒舞无虚日”；丁氏一改旧风，平时常常邀几位文友聚谈，在花晨月夕下小坐，怡然自乐。

中国古典园林非常重视匾额题名，厅堂亭榭的名称成为一种不可或缺的文学元素，对园景主题有画龙点睛的渲染作用。此园建筑的旧名相对直白，而丁兆祺重题的名称则善于运用典故，更富有文化气息。

◎ 枣林丰乐

丰乐园位于河下镇清妙观巷，为文人方琢别业。方琢字句香，别号白沤散人，祖籍清河县，酷爱花木，擅长绘画，道光年间购得清妙观遗址一侧的沈氏破屋，改筑为园。

园中设正厅三间，前植几十种花卉，后种百余株枣树。枣树是常见的落叶乔木，树干高大，枝叶茂盛，夏季开黄绿色小花，秋季果熟后为暗红色，其累累之态常可以给宅园增添一种富足之气。这座园林以枣树林取胜，方琢想到北宋欧阳修有诗曰“红枣林繁喜岁丰”，因此取“丰乐”二字为园林之名。园中正厅的对面又有三间厅堂，二者之间以回廊串联。

主院东侧辟一门，通往侧院，筑南北房各二间，南为自娱室，北为童仆居室。再穿越一座圆门，可来到一座别院，内筑一座六角亭名“快哉亭”，其窗户镶嵌五色玻璃，厅外古树参天，花卉遍地。清代中后期从西洋进口玻璃，价格昂贵，皇家园林和富商花园中时有采用，炫奇竞胜。丰乐园的主人只是一位文士，却在亭窗上安装彩色玻璃，成为河下园林罕见的特例。

◎ 十笏叠山

清代道光七年（1827 年），两江总督陶澍改革两淮盐法，取消了盐商世袭垄断经营盐务的特权，规定所有富民均可直接自筹资金从淮北盐运分司领取盐票，在场灶取盐，史称“纲盐改票”。后又将管理擎验盐务的淮北批验盐引所迁到清河县的王家营西坝。从此之后，河下盐务逐渐衰落，盐商们纷纷破产，昔日名园渐次颓败，不复往日盛况。

道光十五年（1835年）三月，河下大火，烧毁六百多户人家的宅院。咸丰五年黄河改道后，运河山东段废止，漕运主要改走海路，对于运河沿岸城市影响极大，整个淮安府都走向衰落，河下也不再是繁华商区，趋于萧条。一些富户走向凋敝，高宅名园被拆卖一空，废址上经常长满一种名叫“拦马草”或“钢榛苋”的有毒野草，景况凄凉。咸丰十年，捻军焚掠河下，全镇几成废墟，大多数园林均毁于一旦，河下更趋衰败，不可复振。

不过咸丰时期的河下依旧有一些园亭陆续兴建，只是规模、水准均难以与盛期相提并论。十笏园就是其中的佼佼者。“笏”本是古代大臣上朝时所持的手板，以玉、象牙或竹片制成。园林以“十笏”为名，是谦称其规模很小，只有十块笏板那么大而已。山东潍坊也有一座十笏园，保存完好，是北方地区著名的私家园林。

河下十笏园位于菜市桥东，为文人潘桐别业。潘桐字琴侪，号广文，好远游，曾饱览南北山河风景，于咸丰九年开始兴筑此园，捻军攻袭期间幸免于难，于咸丰十一年（1861年）宣建告成，潘桐从此在园中隐居。

园门内辟瓜田菜圃，富有农家风味；过一道重门，东部辟为宅院，西为花园。园中设夹竹石径，建小室名“小趵突”，有草堂三间南向，又有遂初轩，阶下依临水池，水又清又深，

《兰亭序》集字联

与泉流相通，游鱼出没其间。溪上架设石桥，渡此可登假山眠云谷，峰峦秀丽，均为园主潘桐亲自勾画而成。假山为中国古代造园的重要内容，以模拟自然真山为宗旨，河下园林内部常以假山为主景，通常规模不大，其形式主要分土山、土石结合和石山三类。十笏园的假山用石较多，尺度不大，却有千岩万壑之感，东部山峰尤其秀美。假山西侧围以竹篱，其中建有一座退思亭，为静坐冥想之所。

◎ 卧风楹联

卧风轩位于河下湖嘴大街白酒巷的尽端，是裴氏的宅园。裴氏祖先于晚清时期曾经担任船政官员，退休回乡后筑此园居住，清末园传与其孙裴枏。裴枏字籽青、梓卿，是河下地区的著名学者，著有《卧风轩集》。

园中正厅悬挂“绿埜堂”匾额（“埜”是“野”的异体字），由名臣左宗棠亲笔所题。厅西一座两间的小瓦房就是卧风轩，面朝南。院子里种了两株梧桐树，几百棵翠竹，还搭建了紫藤架、葡萄架，另有樱桃和海棠各一株，夏日时节绿荫满庭，十分清凉，人躺在小轩的北窗下面，可以感受到阵阵凉风，十分惬意。后来裴家在院中树间结了一座绳床，坐在上面摇来荡去，花木枝叶随风飘曳，更有“卧风”的感觉。

轩柱之上悬挂一副对联，集《兰亭序》字撰成：“虚竹幽兰，得此可为觞咏地；风和日永，于斯当诵古今文。”很有特色。

萧湖今景

不过严格来说，“虚竹幽兰”和“风和日永”的对仗并不工整，而且传世的《兰亭序》摹本中并没有“诵”字，不知道是否文献记载有误。笔者也试着拼凑了一副,以作还原,暂以“揽”字代替“诵”字。

清朝灭亡后，裴家迁居淮安城内的驸马巷，与周总理故居临近；后又迁双刀刘巷，仍将住所命名为卧风轩，以表纪念之意。

◎ 面湖草堂

河下镇西南的萧湖是昔日淮安一大名胜风景区，又名珠湖、东湖、萧家湖、萧家田，与运河仅一堤之隔，湖岸曲折，沿岸有韩侯钓台、漂母祠等名胜；湖南辟水田数百亩，景致疏旷；湖北临近河下街巷，船舫稠密；湖中央筑有一道石堤，将东西湖岸与中心岛屿串联一体，地上铺设蜿蜒的莲花街。昔日淮安人常以萧湖为泛舟之处，水中芦苇掩映，游鱼出没，令人神往。

中国古代造园讲究借景，即通过精心布局、合理勾画，将园外的美景纳入园内，事半功倍，有拓展意境的功效。萧湖之滨是河下园林的首选佳地，环湖四周以及湖中莲花街上先后兴建多座优美的园亭，凭湖揽胜，其中包括明代的阮池、恢台园，清代的舫阁、华平园、止园、依绿园、晚甘园、荻庄，季逢元的面湖草堂也跻身其中。

河下自古多才俊，很多文人虽然名不见经传，却有惊人的学识才华。晚清时期文人季逢元字凤书，别号浣香词客，出身贫寒，科举不利，于是倾心于古文辞，入奎文书院，受教于淮扬道谢子受，后又拜通晓音律的沭阳名士、知府李映庚为师。季逢元在诗文、词赋、散曲方面均有卓越成就，又精通灯谜，著有《壶隐谜存》，晚年研习医术，成为一代名医。如此博学多才，令人钦佩。

季氏的宅园位于萧湖北岸，居灵惠桥东南侧，门临郭家墩。园中正堂三间，墙上开窗，可眺望萧湖风景，视野开阔，烟波如画，故命名为“面湖草堂”。堂上悬《山阳河下园亭志》的作者李元庚题写的一副对联“竹篱茅舍临湖畔，烟雨溪山古寺旁”，非常形象地描绘出园林周围的优美环境。柱上还悬有朋友所赠的另一副楹联“乐府小垂手，医书三折肱”，赞美季逢元在音律、医学两个领域的精深造诣。堂外搭建了葡萄架、紫藤架、瓜棚、豆架，绿荫垂地，又用竹篱围了一个菜圃，表现出山野田园的乐趣。

第四卷

赏花品石

国色天香谁占先

古典园林中的名花争艳

◎ 那些花儿

2019年7月15日，中国花卉协会发起投票，向社会大众征求意见，是否同意将牡丹推荐为“国花”——如果不同意，也可以从梅花、菊花、兰花、月季、杜鹃、茶花、荷花、桂花、水仙等名花中选择一种提交。这不是中国第一次评选国花，却因为网络的传播力量，引起前所未有的关注，全国网友分成许多阵营，吵得不亦乐乎。

中国是世界上拥有原生植物品种最多的国家，先民们很早就开始采集、栽培花卉，以供观赏。《诗经·郑风》中有一首诗描写暮春三月，风气开放的郑国青年男女纷纷手持兰草，来到溱水和洧水岸边踏青郊游，相互赠送芍药以表情意。战国时期，屈原在《离骚》中写道：“余既滋兰之九畹兮，

清代恽寿平绘《百花图》(局部)(美国大都会艺术博物馆藏)

又树蕙之百亩。”——意思是“我在九块地里浇灌兰花，又在百亩地里种下蕙草”，被认为是关于花卉种植最早的文字记载。

先秦以降的两千多年间，中国城市和乡村处处栽花，宫殿、寺庙、衙署、宅院中都可见到各种各样的花卉，而园林无疑是群芳汇聚的最佳场所。

西方园林以植物园艺为造景的主要手段，而中国园林首重假山，其次是亭台楼阁各式建筑，树木和花草通常并不占据主角位置，但绝对不可缺少，与建筑、山水相互辉映，构成完整的风景。

植物分为木本和草本两大系统，几乎所有品种都会开花，而园林中主要的观赏花卉大多属于草本，少数属于小乔木或灌木，枝茎偏于纤细，花形较大，惹人喜爱。千百年来，无数奇花异卉在园林中竞相开放，千姿百态，姹紫嫣红，春夏秋冬，各领风骚。其中地位最高的，是牡丹、荷花、菊花和梅花四大名花，也是这次“国花”评选的种子选手，各有一部辉煌的历史。

◎ 梅花傲雪

梅花起源于南方，西汉时期就已经传播到北方。《西京杂记》记载关中上林苑移植了两千多种远方群臣进贡的特产果木和名花，其中光是梅树就有朱梅、紫叶梅、紫华梅、同心梅、丽枝梅、燕梅、猴梅七种。这些梅树大多属于果梅，后来逐渐分化出以赏花为主的花梅，到了唐宋时期，梅花已

清代金农绘《梅花图册》（美国大都会艺术博物馆藏）

经成为园林中的重要品种。

园林一年四季之中，冬日景象最为萧杀，草木枯残，百花凋零，此时唯有梅花能不畏严寒，昂首绽放，因此历代文人认为梅花具有坚贞、孤傲的品格，赞颂不已。梅花花开五瓣，古人由此将“五五二十五”称为“梅花之数”；梅花香气隐约，被誉为“暗香”。宋代名士林和靖在杭州孤山隐居，无家室牵累，植梅养鹤自娱，号称以梅为妻、以鹤为子，其咏梅名句“疏影横斜水清浅，暗香浮动月黄昏”脍炙人口。

红色的梅花尤其与雪景相宜，“踏雪寻梅”成为冬季游赏园林的经典画面，如王安石诗中所咏：“墙角数枝梅，凌寒独自开。遥知不是雪，为有暗香来。”北宋洛阳的会隐园、大隐庄、白莲庄等名园都以梅花取胜，邵雍有诗描写会隐园之梅：“五岭虽多何足观，三川纵少须重去。台边况有数十株，仍在名园最深处。”意思是此园的梅花冠绝三川（指黄河、洛水、伊水三河汇聚的洛阳），可以与著名的梅岭相媲美。

元明清时期，江南园林中有许多以梅花为主题的景点。比如苏州狮子林曾有一株古梅，垂枝盘屈，号为“卧龙”，其旁建问梅阁，现存者为后世重建，阁前补种多株梅树，而且门窗、天花、铺地和桌椅都采用五瓣梅花图案，室内悬挂“绮窗春讯”匾额，源自唐朝王维诗句“来日绮窗前，寒梅著花未”。附近还有一座暗香疏影楼，也隐喻梅花。拙政园有雪香云蔚亭，所在土山上种植白梅，如雪如云。顾氏怡园东边有三间小屋，在周围的石栏中种了几百株梅花，题匾曰“梅花厅事”。

元代有个叫吴闲闲的道士首次将梅花从江南引入大都，

明代徐贲绘《狮子林图 · 问梅阁》摹本（引自《师子林纪胜集》）

并专门建了一座亭子加以覆盖。幽燕地区冬季比南方要冷得多，梅花很难成活，而且几乎不能露天栽培，一般都采用小盆栽种的方法，冬天放在暖房里。清末贝勒毓朗不惜重金从南方运来百株梅花，种在花园中，只存活一株，毓朗视若珍宝，以玻璃架设了一间小小的花房，精心维护，这才熬过漫长的寒冬。

《红楼梦》中大观园的原型究竟在江南还是北京，红学界一直有很大争议。书中第四十九回曾写到大观园栊翠庵中“有十数株红梅如胭脂一般，映着雪色，分外显得精神，好不有趣”，被认为是江南园林梅雪之景的写照，非北京园林所能见到。

著名园林学家、中国工程院院士陈俊愉先生一生爱梅，致力于以科学方法培育梅花抗寒新品种，终于解决了在北方露天种梅的重大难题，在各地园林中广泛推广，由此被誉为“梅花院士”。

◎ 菊花秋黄

菊花本是一种野生花卉，秋季开花，先秦时期就被大量采摘，用作益寿延年的药物，后来在田园菜圃中栽种，以其苗做菜，以其花入药。从汉朝开始，古人就喜欢酿菊花酒，视之为滋补佳品。

菊花成为园林观赏花卉，最大的功臣是爱菊成癖的东晋文学家陶渊明。陶渊明不愿为五斗米而折腰，辞官回归田园，在自家庭院中种菊、赏菊、采菊，留下很多咏菊诗篇，最著名的两句出自《饮酒》诗：“采菊东篱下，悠然见南山。”后世文人对陶渊明极为推崇，爱屋及乌，将菊花看做是卓尔不群的隐士的化身，纷纷种入园中。

每年重阳节前后，菊花开得最盛。这几天古人登高赏秋或者在园林中举行雅集，常常要簪一朵菊花助兴。唐代大诗人李白曾经因为连续两日摘菊花，作诗调侃：“菊花何太苦，遭此两重阳？”

菊花花瓣细长卷曲，颜色有红、黄、紫、白多种，以黄色最为常见，故而又称“黄花”。南宋女词人李清照思念丈夫赵明诚，作《醉花阴》词。“莫道不销魂，帘卷西风，人比黄花瘦”，以清瘦的菊花自比。唐代诗人白居易有一次在

北宋赵令穰绘《陶潜赏菊图》（台北故宫博物院藏）

园林中参加重阳宴聚，在许多黄色菊花中见到一株白菊，作诗说："满园花菊郁金黄，中有孤丛色似霜。还似今朝歌酒席，白头翁入少年场。"把这株白菊比作一群黑发少年中的白发老者。

相对而言，菊花比较容易培植，既可种在地上，也可种在花盆中。一到秋天，从宫廷豪门，到平常民宅，几乎都可以见到菊花的身影。宋朝的刘蒙和范成大各写了一本《菊谱》，明清时期出现了更多赏菊、种菊的著作，对于造园很有参考价值。清代江苏淮安李元庚酷爱菊花，可算是陶渊明的知音，他在河下镇建了一座名为"餐花吟馆"的宅园，南部开辟花圃，种植百十种菊花，并让他女儿按花的不同颜色，以小楷一一编录成册。

唐宋元明清各朝的皇家园林都大量种植菊花，品种自然

明代沈周绘《盆菊幽赏图》(辽宁省博物馆藏)

要比民间珍贵得多。明代宫廷甚至专门为此设立“养菊房”,清代的皇帝们则写过不少御苑赏菊的诗。不过历史上很少有园林景点直接用“菊”字来题名,康熙年间中南海丰泽园中所建的“菊香书屋”是一个罕见的例子。

《红楼梦》大观园中也种了许多菊花。探春与宝玉、众姐妹结诗社,便以“菊花”为诗题。贾母等人陪刘姥姥游园,先让丫鬟“捧过一个大荷叶式的翡翠盘子来,里面养着各色折枝菊花”,众人各拣一朵簪在头上,凤姐捉弄刘姥姥,故意给她横三竖四插了一头。

◎ 荷花夏艳

荷花又叫莲花、菡萏、芙蓉,是一种水生植物,其果实为莲子。南北方很多地区都有在天然河湖中种藕以充蔬食的传统,荷花本是副产品,对此北魏贾思勰农学名著《齐民要术》

有载:“春初,掘藕根节头,著鱼池泥中种之,当年即有莲花。”大片的荷花同时也是欣赏和采摘的对象,汉代、魏晋、南北朝都有《采莲曲》流行。隋唐以后,荷花逐渐成为园林水池中的观赏花卉,夏日盛开,或红或白,与荷叶翠盖相互衬托,临水照影,风情万种。

荷花需要肥沃的淤泥滋养,才能茁壮成长,因此被视为不受污浊侵染的高洁君子。北宋周敦颐《爱莲说》进一步总结说荷花“出淤泥而不染,濯清涟而不妖,中通外直,不蔓不枝,香远益清,亭亭净植,可远观而不可亵玩焉”。古代园林中以荷花为主题的景致,往往都强调这几点特性,例如苏州拙政园的正厅依临大池,池中广植荷花,得名“远香堂”,正是取“香远益清”之意。

白居易在洛阳履道坊建造宅园,在池中种下自己从苏州带回的白莲,作诗云:“吴中白藕洛中栽,莫恋江南花懒开。万里携归尔知否,红蕉朱槿不将来。”元朝名臣廉希宪在大都西郊玉渊潭一带建别业万柳堂,园中辟有荷池,廉氏后人有一次在园中举行雅集,邀请到大书画家赵孟頫,席间有一位歌姬手持一支荷花,献上一曲《骤雨打新荷》,赵孟頫作诗相赠,其中“万柳堂前数亩池,平铺云锦盖涟漪”两句形容池上荷花之盛宛如云锦。保定有一座历史园林名叫“莲花池”,又称“莲漪夏艳”,始建于元代,历经沧桑演变,至今荷香依旧。清华大学校园前身是清代的熙春园,拥有两个荷花池,民国时期在清华执教的朱自清先生为此写下散文名篇《荷塘月色》。

五代顾德谦绘《莲池水禽图》（日本东京国立博物馆藏）

明代仇英绘《西厢记图页》中的仕女在园林中赏荷（美国弗利尔美术馆藏）

很多城市兼有园林性质的水景名胜区都以荷花著称。杭州西湖荷花被南宋诗人杨万里形容为“接天莲叶无穷碧，映日荷花别样红”。“曲院风荷”为西湖十景之一，种有各种颜色的荷花。南宋时期，附近有一座酿酒作坊，酒香与荷香交织，令人陶醉。济南大明湖中荷花遍布，号称“四面荷花三面柳”——正因为这里的荷花太有名，作家琼瑶受到启发，才在《还珠格格》中设置了一个“大明湖畔的夏雨荷”。

有些园林因为缺少活水水源，或者池土贫瘠，无法直接栽种荷花，不得不在池中埋设大缸，缸中植荷，勉强营造出

南宋叶肖严绘《西湖十景图 · 曲院风荷》（台北故宫博物院藏）

荷池景象。恭亲王奕䜣曾写过一首《盆池荷花》诗："汲井埋盆作小池，亭亭红艳照阶墀。浓香秀色深能浅，冒水新荷卷复披。"说的便是这种情况。

◎ 牡丹春色

牡丹与芍药是同一科属的花卉，东汉时期的医简上已经将之列为治疗血瘀病的特效药。到了南北朝时期，人们开始尝试在水边竹间栽培牡丹，视为奇景，并以之入画，北齐画家杨子华就以善于画牡丹而出名。

牡丹属于落叶灌木，春日开放，花朵硕大，常有重瓣出现，颜色也极为丰富，被认为是富贵的象征，有“国色天香”

元代沈孟坚绘《牡丹蝴蝶图》（日本东京国立博物馆藏）

之誉，特别受到皇家、权贵和富商的青睐。

牡丹真正开始在园林中大放异彩是在隋朝。隋炀帝在洛阳西郊营造西苑，纵横二百里，下诏令天下进献名贵花木，易州送来二十箱牡丹，有赫红、飞来红、袁家红、醉颜红、云红、天外红、一拂黄、软条黄等名目。唐朝对牡丹更为重视，长安、洛阳两京各大御苑都曾种植。唐玄宗尤其偏爱牡丹，曾经征召善种牡丹的洛阳人宋单父到骊山离宫种了上万株牡丹，据说颜色、形态各不相同。

长安城东部的兴庆宫南部辟为园林，以水池为中心，池北土山上以昂贵的沉香木建造了一座沉香亭，周围精心培植各色牡丹。天宝二年（743 年）春日，玄宗与杨贵妃在此赏花，召翰林学士李白赋诗，留下著名诗篇《清平调》，诗中将贵妃比作牡丹，吟道："名花倾国两相欢，长得君王带笑看。解释春风无限恨，沉香亭北倚阑干。"

牡丹的花期比其他春花略晚。传说武则天有一次游览长安御苑，发现百花俱开，独有牡丹迟迟未见动静，一怒之下，下旨将牡丹贬往洛阳。这个故事当然是瞎编的，但洛阳确实是天下驰名的牡丹之乡。北宋欧阳修作《洛阳牡丹记》，说洛阳本地人在所有花卉中最重视牡丹，以"花"为牡丹的专有称谓——对于其他花卉分别称"某花"或"某某花"，如果单说一个"花"字，则特指牡丹而言。他在书中记录洛阳牡丹佳品三十余种，并在诗中赞誉："洛阳地脉花最宜，牡丹尤为天下奇。"

牡丹最著名的品种是"魏紫"和"姚黄"，分别出自洛

清代唐岱、沈源绘《圆明园四十景图》中的牡丹台（法国国家图书馆藏）

阳魏、姚两家的花园。据说“魏紫”是一位砍柴的樵夫从寿安山中采到的，魏家买下后，秘密种在园中一个小岛上，外人想看，需要交十几个钱，然后乘船登岛，才得一窥，魏家竟然因此挣了许多门票钱。名臣富弼的宅园中种了几百株珍品牡丹，某日花开，邀请文彦博、司马光等人同观，宾主尽欢。

古代园林中经常设置一种花池，围以栏杆或叠石，池中种植牡丹。清末北京那家花园的“水涯香界”一景就用这种方式种了一丛牡丹，带来富丽之气。有时候牡丹和芍药也可以种在同一块地上，但必须将二者分隔开来，绝不能混杂在

明代佚名绘《百花图》(局部)(清华大学建筑学院图书馆提供)

一起。

清朝的雍正皇帝继位前以皇四子的身份住在父皇康熙所赐的圆明园中，园中有一景名为“牡丹台”，前殿梁架以珍贵的楠木建成，屋顶铺设蓝绿两色琉璃瓦，周围培植几百株牡丹，灿若云霞。康熙六十一年（1722 年），康熙亲临此处赏花，见到皇孙弘历，祖孙三代天子汇聚一堂，传为佳话。

◎ 国花评选

中国古代有“自然比德”的思想，就是喜欢将人的品性与自然景物相互比拟。这些名花因各自的特点，也被赋予鲜明的人格特征。如果学习李白，拿美女来比喻名花，那么浓

艳华美的牡丹依然非杨贵妃莫属，不惧风霜的梅花可比出塞的昭君，清幽淡雅的菊花宛如西施，不染污泥的荷花恰似貂蝉，各有各的美好。此外，兰花、茶花、桂花、水仙等名花同样身世显赫，风姿绰约，灿烂芬芳。这些花儿分别在园林中占有一席之地，四季轮回，渐次开放，与风月雨雪相伴，留下一幅幅动人的画卷。

俗话说：“萝卜青菜，各有所爱。”每个人都有自己偏爱的花卉，众口难调——陶渊明爱菊，林和靖爱梅，周敦颐爱莲，而牡丹自古便有“花王”的称号，“粉丝”最多——可是唐朝的节度使韩弘却偏偏非常厌恶牡丹，一见此花，便命人拔去。宽容一点的人都会承认，各花入各眼，没有绝对的优劣之分，正如清代诗人袁枚所说，“苔花如米小，也学牡丹开”——即便微弱如苔花，也和牡丹一样拥有绽放的尊严。

百花在园林中原本和平共处，相安无事，可是近百年来，各路名花纷纷化身武林人物，开始争夺“国花”的头衔，粉丝们争吵不休，甚至为了抬高己之所爱，不惜贬低对手，场面类似“华山论剑”，你使一招“散花掌”，我回一招“天山折梅手”，看谁能抢得“天下第一”的名头。从此花卉世界变成纷扰的江湖，再无太平。

大约在晚清时期，有人首先提出牡丹具有“富贵庄严”的气度，最适合做国花。但很快就有人明确表示反对，认为菊花澹泊耐寒，且以黄色为主，象征黄帝子孙，比牡丹更适合做国花。梅花、荷花以及象征农业的稻花也各有代言人出头，唇枪舌剑，据理力争。

20世纪20年代末，国民政府颁布训令，将梅花定为包括钱币在内的各种官方徽章的专用标志，并打算进一步推为国花，却因为分歧太大而作罢。新中国成立后，国花之争停歇多年，直到20世纪80年代初才再次被提起来，《植物杂志》受中国植物学会委托，组织了第一次国花评选，结果梅花、牡丹、菊花排名前三。后来不同杂志又举办过类似的活动，牡丹与梅花轮流占据榜首，互有胜负，难分高下。

20世纪90年代，相关协会和机构提出了五种不同的国花方案：唯一国花（牡丹）、双国花（牡丹、梅花）、四国花（代表四季）、五国花（象征五星红旗）以及十二国花（代表一年十二月），越讨论越乱，始终无法取得共识，于是又搁置了好长时间。2019年的国花问卷投票，不过是旧事重提罢了。

花卉本身不会说话，更不会武功，这场国花之争，说到底是支持者之争，背后可能还涉及不同的城市和行业的利益，情况复杂。最近这次投票，虽由牡丹唱主角，可是备选的花卉品种更多，除了梅花、菊花、荷花之外，还有兰花、月季、杜鹃、茶花、桂花、水仙，大家杀得天昏地暗，要想评出人人都满意的国花，谈何容易——世界上已经有一百多个国家确定了自己的国花，真不知道他们是怎么选出来的。

奇峰万态斗雄迈

古典园林中的狮王争霸

中国古典园林是一种综合性的空间艺术，包括建筑、假山、水景、花木、陈设、装修、匾联、借景等诸多环节，其中最复杂的一项是堆叠假山，以此模拟自然界的真山，追求“以假乱真”的效果。古人评价一座园林的景致优劣，大半要看是否拥有精致的假山。

假山主要用土和石堆筑而成，而石头又分为湖石、黄石、青石、宣石、英石、礁石等不同种类，各有特色。历史上园林假山的风格经过好几次转换，上古、秦汉、魏晋、南北朝时期多见气势雄伟的大型土山，隋唐、两宋、元明时期流行具体而微的小型石峰，明末清初出现以局部代整体、仿大山之余脉的平冈小坂，清代中叶又盛行复杂多变、洞穴幽深的石假山。除此之外，中国园林还经常以山石来模仿狮子的造型，算是另辟蹊径的特殊手法。

苏州环秀山庄假山

黄山狮子峰（清华大学建筑学院图书馆提供）

狮子是一种大型猫科动物，形象威猛，中国本土并不出产，但从西汉开始就不断有外国进贡，大多豢养在皇家园林中。中国人视狮子为辟邪神兽，以狮子为原型的石雕和图案遍布天下，随处可见。自然界一些形态略似狮子的山峰往往被命名为“狮子峰”，成为风景名胜，例如黄山、九华山、崂山、缙云山等地都有狮子峰，或立或卧，气概不凡，引人遐想。

在园林所用的各种山石中，以“瘦皱漏透”见长的太湖石与动物的形象最为接近，唐代白居易《太湖石记》称它们“如虬如凤，若跧若动，将翔将踊；如鬼如兽，若行若骤，将攫将斗”，极富动感。元朝末年，高僧天如维则禅师及其弟子在苏州城内东北隅修筑了一座菩提正宗寺，寺旁造园，搜集了许多形如狮子的太湖石，因此起名叫“狮子林”——“林”字形容数量多，同时含有“佛寺丛林”的意思。相传文殊菩萨的坐骑就是一头狮子，佛经中常以狮子象征修行“勇猛精进”，又有“狮子吼”可破除迷障的说法，可见园名本身富有佛学意蕴。另外，维则的师父中峰明本曾经在浙江天目山狮

明代徐贲绘《狮子林图 · 狮子峰》摹本（引自《师子林纪胜集》）

子岩修行，以“狮子”为园名，进一步表示其法统之源。

狮子林所拥有的诸多石峰中,最著名的是一尊“狮子峰”，其如蹲似舞，神气十足，被明初姚广孝赞为：“踞地似扬威，昂藏浑欲吼。猛虎见还猜，妖狐宁敢走。”不过严格说来，这类山石其实只是稍具其形而已，并非真的很像，需要观赏者有一定的想象力才能看出端倪。

到了清朝中叶，造园风气大变，崇尚更加繁复的叠山技艺，不满足于竖立形如狮子的单块奇石，而是讲究以多块石料组合拼叠出更具象的狮山造型，甚至出现“九狮峰”这样的奇异景致。《扬州画舫录》记载乾隆年间淮安有一位董道士，擅长垒“九狮山”，名重一时。

这股风气一直延续到晚清、民国时期，江南、岭南等地的私家园林中，至今仍可见到各种酷似狮子的假山。

苏州狮子林小方厅北侧的庭院中用若干湖石堆叠了一座九狮峰，从不同角度看去，依稀可见九头狮子汇聚一体，大小不一，姿态各异。民国时期贝氏重修狮子林，在立雪堂前用山石拼了一头小狮子，昂首翘尾，憨态可掬，深受小朋友的喜爱。

无锡寄畅园近代重修时，在南部增建了一个九狮台，与原有的八音涧相对，大致可以看出九头狮子的身影，或张牙舞爪，或昂首直立，或安静蹲伏。上海豫园有一座临水的九狮轩，也因旁边的叠石而得名。

清代盐商汪氏在淮安河下镇造了一座九狮园，园中假山“岩壑玲珑，中有九孔”，相传是李渔的手笔。本地退休官宦程易的寓园中有一尊狮子石，“盘空矗立”，同样很有名气。

扬州小盘谷是一座以假山著称的园林，其主景以小块太湖石堆砌而成，主峰高度超过 9 米，如立体山水长卷画，又如群狮盘旋出没，被称为“九狮图”，可惜后来颓败，整修后不复旧观。此外，文献记载扬州片石山房“园以湖石胜，石为狮九”。清代中叶淮安有一位姓董的道士擅长叠山，曾为扬州另一名园卷石洞天叠了一座九狮山，“以旧制临水太湖石山，搜岩剔穴为九狮形”，被李斗《扬州画舫录》誉为“北郊第一假山”。

苏州狮子林九狮峰

苏州狮子林小狮山

无锡寄畅园九狮台

宁波天一阁“九狮石”之一

东莞可园“狮子上楼台”假山

顺德清晖园狮山

莫伯治先生绘广州某园“狮子滚绣球”假山

宁波天一阁是明代范氏所建的藏书楼，名满天下。清代在阁前庭园堆筑假山，点缀“九狮一象”，九头玲珑精巧的狮子散居池边，掩映在香樟翠竹之间，与端庄素雅的楼阁相映成趣。

岭南园林对狮子假山的喜爱程度超过江南。东莞可园中央位置的大假山以珊瑚礁叠成狮子造型，附设楼梯，可攀爬至旁边一座敞轩的屋顶平台上，号称“狮子上楼台”。假山上种植藤草，披散四垂，一如雄狮的鬃毛，看上去有点滑稽——如果再柔顺一点，也许可以给洗发水做广告。

顺德清晖园中也有一处狮山，纯以英德所产的英石叠成，表现为一大两小三只狮子的形象，大狮威武挺拔，小狮活泼可爱，不但头、身、四肢轮廓清晰，而且眼睛、鼻子、嘴巴等细节也历历可辨，几乎可与石雕狮子相媲美。

建筑大师莫伯治先生发现岭南园林假山有一种特殊的“包镶”手法：先以铁筋连接大块顽石形成内骨，外面用带有纹理的英石片包贴，可以构成任何形态的石景。在广州逢源

清代丁观鹏绘《乾隆帝洗象图》
（故宫博物院藏）

大街的一座宅园中，就有一组用“包镶”之法制成的“狮子滚绣球”假山，主峰宛如雄狮回首，下临山洞，东西两侧的劈峰分别代表狮子的肢爪和绣球。

相比其他假山来说，这些狮山带有明显的雕塑倾向，被正统的文人学者斥为“琐碎”“流俗”，但别有一种鲜活灵动、栩栩如生的气息，倒也不可一概否定。经过时光的洗礼，现存古典园林中的狮山数量不算太多，却争奇斗艳，各擅胜场——如果联合起来搞一场“狮王争霸赛”，一定很好玩。

中国古代帝王中，乾隆皇帝最有狮子情结。当年他祖父康熙驻跸热河（今河北承德）避暑山庄，曾经在周围营造了几座花园，分别赐给几个年长的儿子，他父亲胤禛以皇四子的身份得到了狮子园。这座狮子园位于狮子岭下，规模不小，民间传说乾隆帝本人就出生在园中的草房，对此园颇有感情，对园外的狮子岭也很熟悉。同时，乾隆帝崇信佛教，自比文殊菩萨，而文殊的坐骑正是一头狮子。他曾令宫廷画师丁观鹏仿明代丁云鹏绘了一幅《洗象图》，把自己画成文殊的形象，画面下方出现一头小狮子。后来乾隆帝得到一幅署名倪瓒的《狮子林图》，爱不释手，南巡期间几次去苏州狮子林游玩，对其中的假山大为欣赏，还下旨在圆明园和避暑山庄中各仿建了一座狮子林，并征召江南匠师堆叠假山。

但是乾隆并没有刻意去访求形似狮子的奇石，更没有让人去堆叠九狮峰。纵观全国，可以发现南方园林更热衷于以假山石峰来摹拟狮子，而北方园林却很少出现类似的景象，仅《道咸宦海见闻录》记载北京外城汪氏园“对厅有怪石数块，

热河狮子岭下的狮子园图景（引自《钦定热河志》）

如虎踞狮状，又如老人狂士，欹侧不起，不知何人手迹”。究其原因，可能是因为北方相对缺少玲珑的山石，不易叠成狮山，也可能是南北审美取向不同所致。无论如何，这场古典园林中的“狮王争霸”已经足够精彩，为我们游赏园林提供了更多的乐趣。

第五卷

四时节令

火树银花贺岁朝

古人在园林中
如何过新年

◎ 新年园事

清朝同治六年（1867 年）大年初一，大臣翁同龢的一天是这样度过的：一早起来，先赶到紫禁城，在太和殿内向皇帝行朝贺大礼，然后出宫去贤良祠祭拜诸位先贤的牌位，接着去东城给一些同僚拜年，未时（下午 1 点至 3 点）回家，给母亲磕头。

翁同龢是江苏常熟人，大学士翁心存之子，咸丰六年（1856 年）状元及第，入翰林院，同治四年奉旨在弘德殿行走，教年幼的同治帝读书。他在北京为官十来年，一直在外城租房子住，直到同治三年（1864 年）才用多年积蓄在东单二条胡同买下一所宅院，并在靠南的一进院落中构筑了一个小花园。此园占地面积不足一亩，院子一侧堆叠假山，另一侧倚墙建了半座亭子，种了几株花木。

初二日，翁同龢又出门拜年。初三日天阴无风，午饭后翁同龢陪着母亲来到新建的花园中逛了一圈，一直待到傍晚。

初四日碰上入冬以来首次下雪，园中积雪厚约五寸。翁家在这天祭神，翁同龢上午特意抽空又去园子里看了一下，下午陪着母亲、嫂子以及全家人一起来园中赏雪，晚上在园内放烟花，饮酒为乐。

初五日雪停了，几位朋友来访，翁同龢在花园设宴，从午时（中午 11 点至 1 点）一直喝到申时（下午 3 点至 5 点），宾主尽欢。初六到初九，翁同龢连续四天进宫当差，教同治帝背诵古书。初十日入西苑，在中南海紫光阁参加御赐蒙古大臣的宴会。傍晚回家，带着儿子、侄儿进小园放风筝。

正月十五是上元节，又称元宵节。前一天晚上，翁同龢陪母亲到园中赏月，晚饭后特意在树枝上悬挂上百盏竹丝灯，灿若繁星。

古人十分重视传统节日，每逢佳节，必然有相应的节庆活动，而园林中包含山水亭台、花草竹木诸般景致，环境比普通宅院要优越得多，常常被用作举办此类节庆活动的场所。一年中最重要的“过年”从正月初一一直延续至正月十五，前后十几天往往是园林中最热闹的时段。翁家花园格局非常简单，仍可以在这些天安排赏雪、赏月、家宴、待客、放风筝、放烟花、挂花灯等多种活动，寄托了家庭生活的许多乐趣。

清代孙温绘《红楼梦图册》中的元宵节大观园景象（引自《清·孙温绘全本红楼梦》）

◎ 张灯结彩

类似的情况在古人的诗文、笔记中有大量记载。比如康熙年间大学士王熙在北京南城拥有一座怡园，某年正月初一，他带着儿子和学生一起来游，登上楼阁欣赏雪后风景，作诗云：“闲园雪后一登台，小阁平临万井开。北阙晴光瞻日近，西山霁色送春来。”又如晚清大臣荣庆于宣统二年正月十一去大学士徐世昌新修的宅园中做客，在退耕堂吃饭，在韬斋中一边闲聊，一边欣赏冬日园景。

上层人家的花园尤其注重在正月十五前后张灯结彩。元宵节这天，《红楼梦》中的贾家会在大观园里的石栏杆、树枝上和船上都悬挂各式花灯，“诸灯上下争辉，真系玻璃世界，

清代光绪年间清晏园上元节舞灯景象（引自《水流云在图记》）

珠宝乾坤”。众人在园内饮酒、看戏、听书、讲笑话、猜灯谜、吃元宵，宴罢还要放烟花、炮仗。清代大学士明珠的自怡园中也有类似的灯彩景象，大诗人查慎行曾作诗赞叹：“二分明月一分灯，引入仙山第几层。洞口烟霞浓似染，雪边亭榭暖如蒸。”

在南方，春节期间属于冬末春初之际，万物渐苏，梅花开放，园林风景胜过北方，游乐之风也更加炽烈。例如乾隆二十三年（1758 年）正月十五，苏州网师园处处张灯，觥筹交错，笙歌应答，洋溢着欢乐的气氛，从兵部侍郎任上辞官回乡的彭启丰应邀出席，作诗描写当时场景：“试灯佳节卷晶

清代郎世宁等绘《乾隆帝岁朝行乐图》（故宫博物院藏）

帘，把盏征歌韵事兼。梅圃雪飘封玉树，冰池云散露银蟾。”光绪年间，漕运总督陈夔龙驻节清江浦，有一年在行署西边的清晏园过上元节，提督张兰阶特意派了一队士兵来园中舞灯、舞龙，伴以嘹亮歌声，轰动一时。

乾隆年间，著名文人袁枚在江宁有一座随园，园中建筑安装了当时十分昂贵的玻璃，元宵节时挂上花灯，斑斓炫目，宛若仙境。对此，袁枚本人《随园张灯》诗咏道：“随园一夜斗灯光，天上星河地上忙。深讶梅花改颜色，万枝清雪也红妆。”另外袁枚所写的《随园食单》中有好几种汤圆的做法，可为节日助兴。嘉庆年间，有位名叫恩龄的官员在江苏做官，回到北京后，模仿随园造了一座述园。每逢元宵之夜也在园中张灯，还创作了一首《玉华观灯词》，让家姬演唱。

◎ 御苑烟花

相比而言，皇家园林中的过年场面最为恢弘。以清代中期为例，一般冬季十一月，皇帝会率领庞大的后宫从北京西北郊的离宫返回紫禁城过冬，正月初一在太和殿举行元旦朝贺大典，在宫里再住几天，便会重新临幸离宫，并在御苑中举办各种更热闹的节庆活动。

按照惯例，先在圆明园“九洲清晏”景区的奉三无私殿摆设“宗亲宴”。奉三无私殿位于皇帝寝殿之南，平时防卫严密，禁止所有人靠近，而“宗亲宴”属于宫廷内部的家宴，只有近支王公才有资格出席，与皇帝、太后、妃嫔、皇子们团聚

清代郎世宁等绘《平定西域战图》册之《凯宴成功诸将士》（故宫博物院藏）

欢宴一场。殿内设有戏台，宴会时由南府（升平署）献戏或奏乐。

随后在圆明园“山高水长”景区举行“大蒙古包宴”。“山高水长”位于御园西部，有大片空地，在此布置一组临时性的帐篷，皇帝所坐的大帐位居中间，另将若干顶小帐篷在两侧排成八字形。这次宴会的参加者主要是蒙古、西藏、哈萨克等少数民族的领袖，故称“外藩宴”，并以游牧地区喜闻乐见的蒙古包为专属的筵宴空间。这种宴会有时候也会在中南海紫光阁前进行，形式类似，同样需要搭蒙古包。席上吃的菜以烧烤牛羊肉为主，辅以满族点心，颇有草原风味。酒酣之时，会在帐篷前表演摔跤、马戏和舞灯，并燃放各式烟花，火光四散，漫天飞舞。

关于此时的烟花景象，赵翼《檐曝杂记》有载："清晨先于圆明园宫门列烟火数十架，药线徐引燃，成界画栏杆五色。……未申之交，驾至西厂……舞罢，则烟火大发，其声如雷霆，火光烛半空，但见千万红鱼奋迅跳跃于云海内，极天下之奇观矣。"姚元之《竹叶亭杂记》另载："圆明园宫门内正月十五放和盒，例也。即烟火盒子，大架高悬。一盒三层：第一层，'天下太平'四大字；二层，鸽雀无数群飞，取放生之意；三层，小儿四人，击秧歌鼓，唱秧歌，唱'太平天子朝元日，五色云中驾六龙'一首。"

一般在外藩宴的后一天，皇帝另在圆明园的正大光明殿举办一场"廷臣宴"。这次在座的都是高官，包括满汉大学士、六部尚书以及外省入京述职的总督、巡抚、将军，属于朝廷的核心阶层，因此特意在御园正殿赐宴，以示隆重。

这段时间圆明园的同乐园大戏楼经常唱戏，皇帝有时也

清代圆明园中过年期间的娱乐表演（引自《京华遗韵——西方版画中的明清老北京》）

清代沈源、唐岱绘《圆明园四十景图》中的买卖街景象（法国国家图书馆藏）

会赐亲信大臣一同观看。同乐园西侧有一条“买卖街”，模仿北京前门大街搭建了各种店铺，其中包括当铺、银号、饭馆、茶馆、估衣店、首饰店、香蜡铺乃至经营丧葬用品的纸马店，货物琳琅满目，几乎应有尽有，却全都是摆设而已。这些店铺只在元宵节时期开放一两日，由太监充任伙计，营造市井气氛。皇帝与后宫嫔妃来此一游，可以体会一下老百姓过年逛街的乐趣。同时这一带会布置一种名为“庆丰图”的灯会，每间店铺都安装灯棚，夜间一片璀璨，寓意来年丰收，国泰民安。

古代的皇家园林和私家园林毕竟都只是少数人享乐的场所，其中的游赏场景寻常人难以得见。而现存的古典园林大多已经改为公园，向社会各界开放，每逢春节，往往也会举办庙会或灯会等活动，游客如云，盛况远超古代，只是在文化品位方面稍微有点欠缺。在此回顾一下古人过年时的游园逸闻，倒也不无小补。

龙舟蒲艾醉端阳

古代园林中的端午节

◎ 龙舟竞渡

农历五月初五端午节，又叫端阳节、重午节、正阳节，据说最初是上古先民祭祀龙祖的日子，后来成为纪念战国时期诗人屈原的节日，有的地方还在这一天祀奉介子推、伍子胥、曹娥等历史人物。

经过长期的历史积淀，端午节形成了独特的民俗活动传统，包括赛龙舟、悬菖蒲、驱五毒、吃粽子、饮雄黄酒、浴兰汤等，丰富多彩。这个节日正逢初夏时分，天气不冷不热，草木繁盛、景致幽胜的园林成为古人过节的适宜场所，留下了很多佳话。

龙舟竞渡是端午节最隆重的活动，早在屈原投江一千多年前就已经在吴越地区盛行，后来流传到南北各地，至今尚

唐代李昭道绘《龙池竞渡图》摹本（台北故宫博物院藏）

存遗风。古代各地兼有园林属性的水景名胜区往往都有端午赛龙舟的习俗，比如苏州胥江、无锡太湖、杭州西湖等，争奇斗艳，各擅胜场。

张岱《陶庵梦忆》描绘明末江南端午龙舟竞渡的盛况，以瓜州至镇江金山寺一带的龙船最为精彩：船身刻画龙头龙尾，设彩色船篷，船艄陈列兵器，五月初五这天沿着长江出金山，群龙格斗，波浪翻滚，场面恢宏。书中还提到南京每逢端午当日晚间，全城男女纷纷出门，来秦淮河边看灯船，有好事者集合了一百多艘小篷船，篷上悬挂许多羊角灯，各船首尾相接，在水上盘旋，仿佛火龙腾飞。船上管弦铙钹同奏，其声鼎沸，令人耳迷目眩。

李斗《扬州画舫录》记载清代乾隆年间端午节扬州瘦西湖虹桥一带有“龙船市”，别具特色：预先打造一种大型龙船，长十余丈，前为龙首，中为龙腹，后为龙尾，颜色各异，一般先于四月最后一日下水试演，五月初一正式开始在湖上巡游，四角立柱上旌旗飘扬，船头有篙师手持长钩，船舵有舵师执掌，船尾牵彩绳，由经过特殊训练的小孩子拉着绳子在水上表演各种杂耍，有“独占鳌头”“红孩儿拜观音”“指日高升”“杨妃春睡”等名目。十六名桨手在船两旁划桨，在金鼓伴奏下顺流而行。船上供有来历不明的“太子”，有人说就是屈原。游人同时乘坐画舫在湖上穿梭，另有商家驾小船售卖小鸭子，游客买下后扔进水中，龙船上的人各执长戈争夺，模拟水战，称为“抢标”。端午过后，外河龙船经响水闸进入内河，继续巡游，直到五月十八日上岸举行“送圣”仪式，方才宣告结束。

历代皇家园林中也都设有龙舟，但早期大多与端午节无

扬州瘦西湖虹桥今影

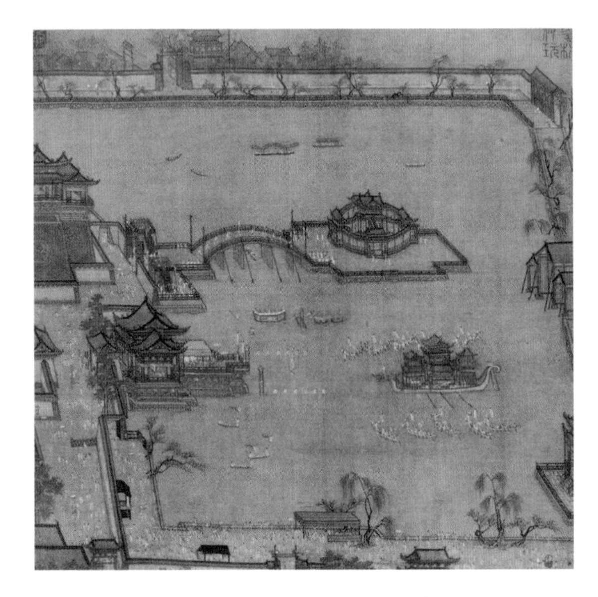

北宋张择端绘《金明池夺标图》(天津博物馆藏)

关。西晋、北魏时期，皇帝经常在三月初三乘龙舟游洛阳华林园。《东京梦华录》记载北宋首都开封西郊的御苑金明池每年三月向百姓开放，有繁复的龙舟斗标表演，著名画家张择端为之绘有一幅《金明池夺标图》，成为后世御苑端午龙舟的模仿对象。

明代北京皇城中西苑包括南海、中海、北海三片水面，端午期间经常举行龙舟表演。陆容《菽园杂记》记载宣德年间五月初五这天，满朝文武大臣都要扈从明宣宗和太后一起来到西苑，先由武将比试射柳，然后共同观赏划龙船。

明末太监刘若愚《酌中志》对于皇家宫苑中的端午节有更详细的记录：从五月初一到十三日，紫禁城中的太监和宫女都要穿“五毒艾虎补子蟒衣”，大门两旁安菖蒲、艾盆，门板上悬挂天师、仙女降妖伏魔的图画，以示驱邪求吉。五月初五当天“饮朱砂、雄黄、菖蒲酒，吃粽子，吃加蒜过水面，赏石榴花，佩艾叶，合诸药，画治病符”。皇帝亲临西苑，乘船游览，斗龙舟，或者来到琼华岛万岁山上插柳，并由御马监的骑士表演跑马。北海西岸设有五龙亭，附近建船坞，是冬天收藏龙舟的地方。

明代出现不少假托历朝名家所作的《龙舟竞渡图》，大多借鉴西苑端午龙舟的实景，再加上画家个人的许多想象。其中一幅署名仇英的《清明上河图》对龙舟和御苑景致的刻画尤为细致，可作参证。

◎ 福海盛观

清代宫廷继承了明代端午龙舟的习俗。顺治十一年（1654年）五月初五，顺治帝召大学士等重臣一起乘龙舟游西苑，在北桥登岸，并在南台举行宴会。

题明代仇英绘《清明上河图》中的御苑龙舟（台北故宫博物院藏）

清代宫廷画家绘《十二月令图》中的御苑龙舟（台北故宫博物院藏）

从雍正时期开始，清帝长居北京西郊离宫圆明园，几乎都在园中过端午节。宫廷画家所绘的《十二月令图》第五幅所表现的御苑龙舟胜景虽有虚构的成分，却也是现实的映射。

乾隆年间，圆明园中的端午节非常热闹，主要包含三项内容：首先皇帝在万方安和殿侍奉太后进宴，全家团聚；然后皇帝、太后、后妃与王公大臣分别乘船来到福海，观赏龙

清代沈源、唐岱绘《圆明园四十景图》中的福海蓬岛瑶台（法国国家图书馆藏）

舟表演；最后在同乐园大戏楼看专门上演的“阐道除邪”大戏，并用晚膳。

福海是圆明园东部的一片大湖，平面近似正方形，面积约 28 公顷，非常辽阔。端午期间，四岸布置各式盆花，一派锦绣风光。皇帝与大臣们在湖西岸的望瀛洲亭或澄虚榭中观龙舟，而太后与后妃们则在湖中央的蓬岛瑶台岛上欣赏表演。龙舟共有九艘，雕成巨龙之形，船头画水鸟图案，取“九龙齐飞”之意，以彩色绳索界定航道，船上箫鼓齐鸣，画旗招展，行至皇帝御座之前，需要停留片刻，受阅致礼。

特别值得一提的是，圆明园中的龙舟表演号称“虽渡无争”，只是一种列队而行的仪式，没有任何竞赛的意思，因此被嘉庆帝形容为“九龙顺轨原无竞”。有学者推断这是为了在宫廷中营造和谐气氛，提倡减少纷争。

只有亲信的王公以及大学士、御前侍卫等近臣才有机会在圆明园中过端午节。乾隆帝偶尔也会赐一些少数民族领袖和外国使臣入园同游，算是一项特殊的荣宠，比如来自新疆回部和卓氏的容妃的叔父、兄长和葡萄牙特使都曾经陪乾隆帝一起在福海看过龙舟。

◎ 蒲艾宴饮

私家园林规模远逊皇家御苑，不可能出现龙舟这样的庞然大物，端午节期间和普通民宅一样悬挂菖蒲艾草，吃粽子，或者举办家宴，没有什么特别的游乐活动。《红楼梦》中不止一次写到端午节，只有“蒲艾簪门，虎符系臂”寥寥数语而已。第三十一回宝玉和丫鬟晴雯在怡红院闹别扭，黛玉过来调解，说：“大节下怎么好好的哭起来？难道是为争粽子吃争恼了不成？”说明端午期间大观园中也是要吃粽子的。

端午前后，一些富商会在园中大摆豪宴，唱戏演舞，累日不绝，许多文人则喜欢在园林中举行雅集，最著名的一次是明代弘治十二年（1499 年）的北京竹园寿集。竹园是户部

明代吕文英、吕纪绘《竹园寿集图》局部（故宫博物院藏）

尚书周经的宅园，以茂盛的竹林著称。当年五月初一，周经举行生日宴会，邀请屠滽、侣钟等九位高官和画家吕文英、吕纪入园欢聚，宾主相互酬唱，共作诗四十五首，二吕当场绘制《竹园寿集图》。吏部尚书屠滽诗云："节到端阳隔四辰，枭羹蒲酒预尝新。已从天上颁丝缕，何用门前挂艾人。凤尾竹长添秀色，马樱花发落香尘。诸公笑我成狂客，剡曲湖山待季真。"

苏州网师园始建于宋代，至清代中叶已经非常凋敝，文人瞿远村出资买下，大加修葺，于乾隆六十年（1795年）端午节这天完工，特邀三五好友作"竟日之集"，文坛领袖钱大昕为之撰写《网师园记》，盛赞此园景色优美。

清代淮安河下镇园林极盛，其中黄氏止园曾经在某年端

钱大昕《网师园记》拓片与苏州网师园景致

午节前一日招友人宴饮，文士徐麟吉作《齐天乐》词咏道：“珠湖水学湘碧流，就近黄家书室。修竹轻摇，勾阑赤绕，砌点玲珑宣石。端阳近也，便沈醉何妨？”最后一句尤其引人共鸣。

现在端午节虽然是国家法定假日，但除了吃粽子之外，其他传统习俗早已淡化。如果有机会找个古典园林逛逛，划划船，倒也略有一点古人的风采。

银汉星飞照琼苑

古代园林中的七夕节

◎ 牛郎织女

中国农历以每年七月初七日为七夕节，源于牛郎织女鹊桥相会的神话故事，自汉代以来已经延绵两千多年，逐渐形成特殊的节令习俗。古代园林经常是举办七夕活动的地方，而且园中一些楼台、池沼之类的景观也与牛郎织女的主题密切相关。

横跨天界的银河由大量恒星组成，晴朗的夜晚呈现出一条银白色的璀璨光带，又叫银汉、天河、星汉、云汉。银河东西两侧有牵牛星和织女星，两颗主星的边上还各带两颗辅星，彼此隔河相望。

先秦时期的《诗经·小雅·大东》已经将牵牛、织女二星联系在一起："维天有汉，监亦有光。跂彼织女，终日七襄。

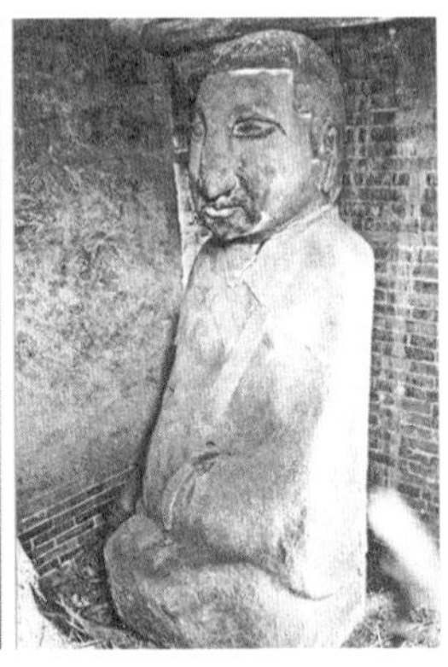

西汉昆明池牛郎、织女石雕（清华大学建筑学院图书馆提供）

虽则七襄，不成报章。睆彼牵牛，不以服箱。”意思是天上有一条银河，像镜子一样闪闪发光，那分为三叉的织女星每个日夜都要移位七次，虽然如此辛苦，却织不成布匹，而明亮的牵牛星也不能像真牛一样拉车。

秦始皇统一天下后，在关中平原上大肆扩建宫苑，以庞大的建筑群比拟天象，直接以横亘东西的渭水象征银河，将渭水北岸的咸阳宫比作天帝所居的“紫宫”（紫微垣），南岸上林苑中的朝宫比作“天极”（北辰星），又在渭水上搭建二百八十步长的横桥，比拟牵牛星，气势雄壮，但纯粹是一种抽象的规划布局。此时的牵牛星居然是一座长桥，抢了后世鹊桥的角色，而且没有出现织女星的位置，看不出七夕神话的意思。

到了西汉时期，牛郎织女的故事已经基本成型，牵牛、织女二星被赋予明确的人格形象。《古诗十九首》中有一首吟咏此事：“迢迢牵牛星，皎皎河汉女。纤纤擢素手，札札弄机杼。终日不成章，泣涕零如雨。河汉清且浅，相去复几许？盈盈一水间，脉脉不得语。”诗中说闪闪发亮的牵牛星和织女星之间隔着一条银河，织女的素手整天在织布，却始终织不成，泪如雨下，银河的水又清又浅，相隔多远？一水之隔，两人互相看着却无法对话。这显然是一个有情人不得相聚的凄美爱情故事。

汉武帝于元狩三年（前120年）在上林苑开辟昆明池，周回四十里，规模广阔，原本想在此训练水军，讨伐西南蛮夷昆明国，同时又以这片大池作为银河新的化身，东西两岸分别竖立牛郎和织女的石像，代表牵牛星和织女星，故而东汉文学家、史学家班固在《西都赋》里写道：“临乎昆明之池，左牵牛而右织女，似云汉之无涯。”至此一对有情人终于在园林中得到完整的表达。

这两尊石雕至今仍保存在西安市长安区斗门镇的两座小庙中，牛郎像高258厘米，左手抚腹，右手扪胸；织女像高228厘米，双手拢在袖中。二人都是大眼睛、宽鼻梁，憨态可掬，

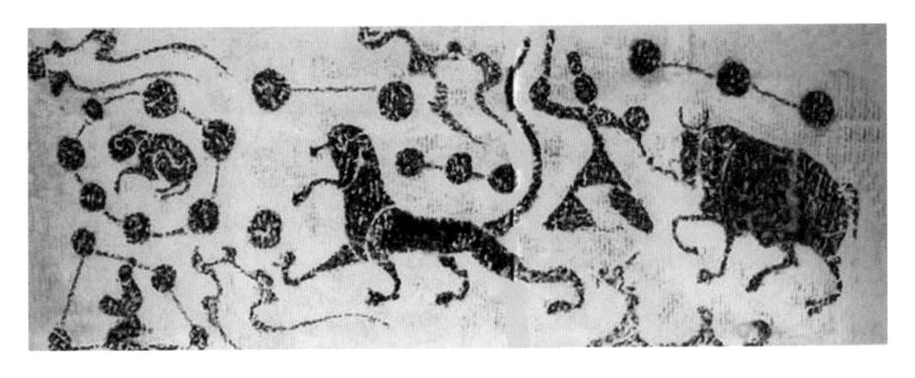

汉代牛郎织女画像石拓片（南阳汉画馆藏）

粗犷豪放，与现代人脑海中的俊男美女形象大相径庭，当地人尊称为“石爷”和“石婆”，经常来此焚香祭拜。

汉代七夕这一天已经成为固定的节日，女性常在此日晒衣服、穿七巧针、结五彩丝线，三件事都涉及织物。穿七巧针是为了“乞巧”，就是向织女祈求心灵手巧；结五彩丝线是为了祝愿与所爱的人永远在一起；晒衣服可能是因为正逢夏秋季节转换，宜于晾晒，以免虫蛀。

这些习俗都是先在宫廷园林中流行，然后逐渐扩展到民间。汉高祖刘邦宠爱的戚夫人有个侍女叫佩兰，她晚年回忆汉宫园林中的百子池是当日宫女们结彩线的地方，还特意用西域的于阗乐伴奏。《西京杂记》记载建章宫太液池边有一座曝衣楼，是专门用来在七夕时节晒衣服的。

据说汉武帝本人于景帝元年（前156年）七月初七出生于长安未央宫的崇芳阁，他父亲景帝梦见一只红色的猪从天而降，阁上丹霞笼罩，便将此阁改名叫猗兰殿。武帝成年后，迷信神仙之术，对七夕非常看重。某年七月初七那天，武帝在承华殿过生日，突然看见有鸟从西方飞来，云集殿前，便问大臣东方朔怎么回事，东方朔说是西王母要来了，过了一会儿，西王母果然乘着白云，带着两只青鸟驾临殿上。这个故事表明七月初七是一个神奇的日子。

汉朝末年民间认为织女星“主瓜果”，因此可以在七夕这天摆设瓜果筵席上供。荆州地区又称牵牛星为“河鼓”，认为此星负责主管关隘和桥梁。东汉《风俗通义》逸文记载两星渡河相会，以鹊为桥——秋天喜鹊恰好由于换毛而秃顶，被附会成因为架桥而被牵牛、织女二星踩秃。

另有道书称牵牛星与织女星定亲，得到天帝所赠的聘礼后就消失不见，久久不回，天帝大怒，将他赶到天河的彼岸。这个版本的传说把牛郎描述成负心汉的形象，没有得到民间认可。

◎ 七夕佳节

西晋已经开始选择七月初七这天在园林举行宴集，比如文学家潘尼就写过一首《七月七日侍皇太子宴玄圃园诗》。“玄圃”又叫“悬圃”，传说是昆仑山上的神仙居所，黄帝在此建有宫殿，后世园林经常附会这个典故。

到了南北朝，牛郎织女的传说愈加丰富和完善，将牵牛主星旁的两颗辅星视为牛郎所挑担中的两个孩子，而织女星的辅星则被比作织布的机杼。

民间也把七月初七看做是王子乔、陶安公等仙人得道飞升的特殊日子，赋予这一天更强烈的传奇色彩。

魏晋南北朝时期七夕穿针结缕的习俗依然保留，南朝建康华林园中有一座层楼观，七月初七宫女都登此楼穿针，故而谓之“穿针楼”，宋孝武帝刘骏写过两首《七夕诗》，提到“沿风披弱缕，迎辉贯玄针”。每逢此日，民间女性也一定要将庭园打扫干净，撒上香粉，在院中乞巧，所穿七巧针有时候特意用金银或玉石做成。当天夜间向星辰下拜，祈求富贵、长寿、姻缘、得子，据说往往能如愿。

北魏太武帝拓跋珪和汉武帝一样，也出生于七月初七，登基后经常在首都平城（今山西大同）的皇家宫苑中大摆宴席，庆祝生日，同时组织骑马射箭活动，热闹非凡。

顺便说一下，七月初七这天既有皇帝出生，也有皇帝驾崩。刘宋后废帝刘昱是个年轻的暴君，经常无缘无故杀人。元徽五年（477年）七月初七，刘昱出宫玩了一趟，喝得大醉，回到建康宫中的仁寿殿，临睡前对侍从杨玉夫说今夜是七夕，如果你看见天上的牛郎织女相会，就报告我一声，如果没看见，我醒来就杀了你。杨玉夫早就和大臣萧道成有密约，等待时机除掉，听了这番狠话，他下定决心，乘刘昱呼呼入梦，一刀砍下脑袋。

唐朝宫廷与上层社会将七夕看作佳节，经常在园林中举办宴会。显庆五年（660年）七月初七，唐高宗在洛阳御苑举行“悬圃宴”，作诗二首，大臣许敬宗奉和。

太平公主是高宗和武则天的女儿，地位显赫，曾经发明过一种奇特的美容秘方：在七夕这天取乌鸡血，与三月初三摘下的桃花碾末混合在一起，遍涂全身，两三天后可令肤白如玉。她在长安南郊拥有一座名为“南庄”的大型园林，景龙三年（709年）其兄中宗李睿曾经临幸，命随行的众臣赋诗纪念，其中好几首诗都提到了织女和鹊桥，比如沈佺期诗“乌鹊桥头敞御筵”，韦嗣立诗“主第岩扃驾鹊桥”，赵彦昭诗“织女桥边乌鹊飞”。从诗意推测，可能园中有水池象征银河，河上架设一座乌鹊桥，借此将太平公主比作天帝的女儿织女。后来众官为中宗之女安乐公主的府园作诗庆贺，也多次提到织女、牵牛和银河，大概是相似的套路。

凉州位处边陲，是军事要塞，城中有一座园林叫灵云池，池边建南亭。天宝十二年（753年）五月，大将哥舒翰因为收复九曲而晋封凉国公，当年七夕与众将在南亭进行盛大宴会，以示庆贺，著名诗人高适当场赋诗，最末两句提到牛郎织女的七夕之会："河汉徒相望，嘉期安在哉。"

唐代与七夕渊源最深的园林是骊山御苑华清宫，相传唐玄宗李隆基与杨贵妃当日在此宫的长生殿上盟誓，相约生生世世永为夫妇，白居易《长恨歌》为此留下千古名句："七月七日长生殿，夜半无人私语时。在天愿作比翼鸟，在地愿为连理枝。"长生殿位于骊山西绣岭上，本是供奉道教始祖老子及唐代六位皇帝牌位的地方，又称"七圣殿"，选择在此盟誓，或许有请祖宗作证的意思。可是战乱一起，逃难到了马嵬坡，一切誓言都不再作数。

五代、两宋时期，七夕是最受欢迎的节日之一。美国大都会艺术博物馆所藏一幅《乞巧图》被认为是五代人的作品，描绘了豪门妇女在府邸花园中举办乞巧宴的情景。《东京梦华录》记载北宋七夕前后，显贵之家多在庭园中结彩带，铺陈各种鲜花、瓜果、笔砚、针线，焚香拜天。

◎ 清游雅事

到了明清时期，文士们经常在园林举办七夕诗会和游园活动，例如明末"公安三袁"之一的著名文人袁中道旅居北

清代袁耀绘《七夕图》中的华清宫长生殿（清华大学建筑学院图书馆提供）

五代佚名绘《乞巧图》局部（美国大都会艺术博物馆藏）

京期间，曾参加米万钟在勺园中举办的七夕雅集，作《七夕集米友石勺园》诗。

明末崇祯十二年（1639年）七月初七，著名文人方以智在自己侨居的南京一座花园的水阁中举办盛宴，邀请秦淮诸名妓和四方名士齐聚于此，梨园戏班唱曲助兴，阁外环列舟船，二十多位美女依次登台亮相，由名士们来品定高下，最后来自珠市的王月色艺双绝，被一致推举为花国状元，南曲名妓李香君、董小宛、卞玉京等相形失色。众人分别赋诗，诗人余怀题“月中仙子花中王，第一姮娥第一香”赠与王月。这次绮艳的七夕

明代《乞巧图》局部（台北故宫博物院藏）

盛会很像现代的选美活动，轰动一时，屡被传颂，可惜不久明朝就灭亡了，当时出席的名士和名妓大多结局十分悲惨。

康熙年间某个七夕，官员赵吉士在北京南城的寄园举办诗会，取园中厅堂匾额“相赏有松石间意”为韵，前后有二百多人和诗，居然汇成一部诗集。文人李斗在《扬州画舫录》中记录自己于乾隆三十六年七夕游览扬州瘦西湖，泛舟烟波之上，近看两岸亭阁花木，仰观浩瀚星空，其乐无穷。清末重臣翁同龢曾于光绪六年（1880年）七月初七与友人一起来到北京什刹海岸边的秦氏园，六人同乘一船，在荷花池中穿行，别有幽趣。

清代陈枚绘《月曼清游图册 · 桐荫乞巧》(故宫博物院藏)

清代冷枚绘《乞巧图》（引自《不朽的林泉》）

清代女性在七夕举行的乞巧活动更为丰富，除了穿针引线之外，还可以做点心、面塑、剪纸、刺绣等，甚至有些竞赛手艺的意思。

民国初年，厦门林氏在鼓浪屿建菽庄花园，还创设了一个“菽庄吟社”，多次举办诗会，其中包括1919年的“已未七夕之咏”和一次“闰七夕之乞巧回文”，留下许多诗文，于

清代宫廷画家绘《十二月令图 · 七月乞巧》局部（台北故宫博物院藏）

1936年收入《萩庄丛书》。

皇家园林中也同样盛行类似的乞巧游戏，比如雍正年间宫廷画家所绘的《十二月令图》中就有一幅《七月乞巧》，另外供奉宫廷的画师丁观鹏、陈枚、冷枚都画过类似的题材，人物均为汉族古装形象。

乾隆皇帝在北京西北郊建清漪园，将原来的瓮山泊水面扩大，借用汉代上林苑昆明池旧名，改称“昆明湖”，同时也以此湖象征银河，在湖东南岸设立一座铜牛，比喻牵牛星；另在湖西岸的延赏斋中设置一系列石碑，碑上刻有全套的《耕织图》，还把内务府的织染局搬迁到这里，隐喻织女。这个格局与昆明池牛郎织女石像一脉相承，号称“昆明汉池不期合”，最后一次在园林中完整呈现七夕的神话图景，同时也有倡导男耕女织、重视农桑的含义。

北京颐和园铜牛

不过每年七月初七这天正逢夏末初秋，乾隆帝本人大多在塞外行猎，即便留在北京，一般也不去清漪园，而是在圆明园的“西峰秀色”景区设乞巧筵。“西峰秀色”是圆明园四十景之一，由多个庭院组成，西北侧叠假山仿江西庐山，一般七夕之前就在此搭建彩棚，放置象征乞巧的珠盒，皇帝当日清晨就乘船过来拈香祭拜。嘉庆、道光年间，皇帝也经常来这里焚香上供，还专门由南府、升平署伺候十番乐，演出仕女乞巧戏和牛郎织女戏。

乾隆帝本人作过多首吟咏七夕的诗作，比如有一首写道：“西峰秀色霭宵烟，又试新秋乞巧筵，今古女牛几曾别，往来乌鹊为谁填。山围河洛思榆塞，盒钿丝蛛异昨年。儿女之情我何有，一因耕织祝心虔。”意思是自己并无牛郎、织女那样的儿女私情，只是因为他们而联想到耕田和织布，因此需要拜一拜，以保佑国家经济繁荣。

清代苏州布衣文人沈复在《浮生六记》中生动记录了自己与妻子陈芸伉俪情深的日常生活。两人婚后一度住在沧浪亭爱莲居隔壁的一座小轩中，轩名“我取轩”，屋檐前有

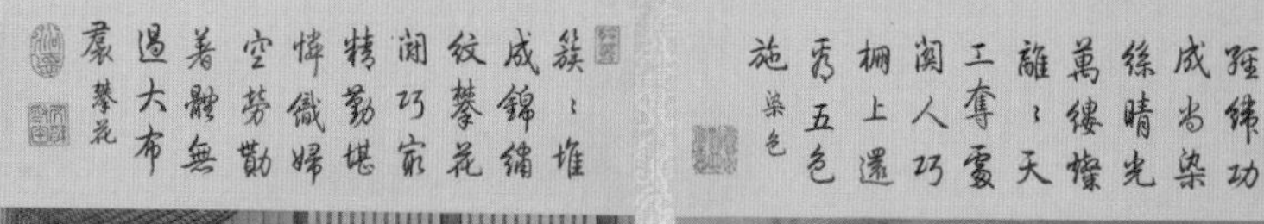

清代陈枚摹《耕织图》（台北故宫博物院藏）

清代沈源、唐岱绘《圆明园四十景图》中的西峰秀色（法国国家图书馆藏）

老树一株，浓荫遮窗。某年七夕，陈芸备好香烛和瓜果，与沈复一起在轩中拜织女星，沈复刻了两方印章，印文均为“愿生生世世为夫妇”，一朱文一白文，两人各执其一，作为信物。“是夜月色颇佳，俯视河中，波光如练，轻罗小扇，并坐水窗，仰见飞云过天，变态万状”，天上人间，恍如仙境。可惜陈芸后来病逝，沈复苦念亡妻，终生不渝。这份感情朴素而真实，可与传说中的牛郎、织女相媲美，为园林中的七夕留下了最好的见证，远非唐玄宗虚伪的长生殿所能企及。

何处登高复举觞

古代园林中的重阳节

◎ 赏菊欢会

中国农历每年以九月初九日为重阳节——《易经》把“九”视作最大的阳数，两个“九”加在一起便是“重阳”，有时也称“重九”。

这一天正值秋高气爽的好日子，宜游乐，宜登高，宜欢宴，宜赏花，宜品蟹，宜食糕，历代文士写下了许多脍炙人口的诗章，最著名的一首当数唐代王维的《九月九日忆山东兄弟》：“独在异乡为异客，每逢佳节倍思亲。遥知兄弟登高处，遍插茱萸少一人。”古人重阳登高，经常佩戴插有茱萸的布袋，据说可以避灾。

除了出城郊游、爬山之外，古人的重阳节常常在园林中度过。王维本人在蓝田山中所建辋川别业有“茱萸沜”一景，

清代孙温绘《红楼梦图册》中秋日螃蟹宴场景（引自《清·孙温绘全本红楼梦》）

与那首重阳诗遥相呼应。明清时期的园林相关文献中有不少关于重阳节的记载，可以引作谈助。

《红楼梦》中大观园中的许多游乐活动如实反映了清代中叶豪门贵族的生活图景。书中虽然没有明确提到过重阳节，但第三十七、三十八两回写秋天某日，湘云在宝钗暗助下做了一次东道，请贾府众人在大观园中吃螃蟹宴，宴罢众姐妹又与宝玉一起赏菊，作《菊花诗》。九月上旬螃蟹大量上市，菊花迎风绽放，“持螯赏菊”正是最常见的重阳节聚宴名目，而且宝钗所作诗中三次提到重阳：“谁怜我为黄花病，慰语重阳会有期”，“莫认东篱闲采掇，粘屏聊以慰重阳”，“桂霭桐阴坐举觞，长安涎口盼重阳”，暗示这场宴会应该是在重阳节前后举办的。

清代陈枚绘《月曼清游图册 · 重阳赏菊》（故宫博物院藏）

清代宫廷画家绘《十二月令图 · 九月赏菊》局部（台北故宫博物院藏）

清代康熙年间，著名诗人查慎行在某年重阳节游览大臣赵吉士位于北京外城菜市口附近的寄园，作诗云："萦成曲磴叠成冈，高着楼台短着墙。花气清如初过雨，树阴浓爱未经霜。熟游不受园丁拒，放眼从惊客路长。亦有东篱归不得，四年京洛共重阳。"最后两句说自己无法像陶渊明那样回到故乡"采菊东篱下"，已经在京城连续过了四个重阳节，语气与宝钗的"莫认东篱闲采掇，粘屏聊以慰重阳"有些相似。

宫廷御苑中的重阳宴气魄更大。雍正四年（1726 年）九月初九日，雍正皇帝在紫禁城乾清宫举行宴会，召集众皇子和王公大臣中能作诗者共九十四人，仿照汉代柏梁台体联席赋诗，皇帝领衔先写，群臣续作，然后依次向皇帝敬酒，最后皇帝赐众人糕饼瓜果。到了第二年的九月初九，宴会改在圆明园正大光明殿举行，赏赐诸王大臣绸缎，过节的福利标准明显提高，还把前一年的柏梁台诗帖刊刻成册，每人颁赐一份。雍正时期宫廷画家所绘《十二月令图》中有一幅《九月赏菊》，是重阳节前后御苑景象的生动写照。

◎ 登高望远

重阳节最重要的活动是登高，园林中的山丘或楼台往往成为攀登的对象。

明朝北京东四地区有一座适景园，是功臣世家成国公府的花园，当时文人经常在园中聚会，如果遇到重阳节，就登园中假山为乐。文士吴彦良为此写过一首《重九适景园登高》："行吟秋老处，槐古阅今人。荒径亭初址，新畦竹又筠。果成虫鼠岁，霜满雁雕辰。酒琖悲黄叶，婆娑乍觉春。"诗中提到古槐、荒径、小亭、新竹、黄叶，一派秋光清景。另一位文士吴惟英《九日社集成国公园》诗云："社于秋社日，风雅集王畿。高屐随黄菊，枯吟望白衣。庭空木叶下，岫远薄云归。为恐茱萸笑，龙山愿不违。"古代文人特别喜欢在重阳这一天举办园林雅集，似乎吟诗的兴致比别的日子更高。

北京西郊海淀董四墓旧有一座乐氏园，依临遗光寺，光绪二十二年（1896年）重阳节这一天，两朝帝师翁同龢跑去游园，顺便登上寺后的山坡，完成"登高"的任务，事后在日记中写道："饭罢游乐氏园，坐北楼。因入遗光寺，与僧秀山登寺后小亭。亭在山麓，俯瞰昆明湖动荡树梢，亦云高矣。"第二年重阳节他又独自来到这座园子，没有爬山，只是

余园土山旧照（北京城建档案馆藏）

东莞可园之可楼

紫禁城御花园堆秀山

登楼远望："午后独游乐氏园，登楼默坐，远望慨然，园虽丛薉，然老树可爱。"当年翁同龢六十七岁，刚刚升任协办大学士兼户部尚书，达到仕途的顶峰，但此时正值戊戌变法的前夜，政局动荡，翁氏本人心境复杂，于此可见一斑。

晚清大学士瑞麟的宅园名叫"余园"，位于北京东厂胡同，园中有蜿蜒的大土山，山上设有一套木架，每逢重阳节，必在此处临时搭建蒙古包，主人设宴，邀请宾朋登高观景，并一起吃烤羊肉。此举大有关外游牧遗风，不乏豪情。对于许多北方人来说，秋风起时，肥美的羊肉远比螃蟹更受欢迎。

苏州城外有虎丘和灵岩山，历代依托佛寺营修园林风景，从明代的唐伯虎、祝枝山、文征明到近代的周瘦鹃、范烟桥，风雅之士每逢重阳节往往来游，在山上饮酒、品蟹、食糕，远眺太湖。

扬州地区缺少山岭，重阳节人们喜欢登园林中的假山，或城郊的丘冈。城北的天宁寺相传由东晋名相谢安的别墅花园改建而来，清代康熙、乾隆二帝南巡曾经在此驻跸，还在寺西开辟花园、修建行宫。寺中有一座三层高阁，近代小说《广陵潮》提到九月初九那天可以登此阁赏景。

晚清时期，广东东莞人张敬修捐官出仕，还曾经领兵打仗，颇有功勋，退休回乡后营造可园自居，以"居不幽者志不远，览不远者怀不畅"为座右铭，在园中建了一座四层的可楼，为当地最高的建筑，最适合重阳登高，四面山水尽收眼底。广西诗人郑献甫有诗描绘当日园景："江声浩浩海茫茫，秋老方看作嫩凉。三水三山分百粤，九月九日作重阳。登高

清代董邦达绘《静宜园全图》（故宫博物院藏）

难比无为子，张宴聊为有美堂。残菊未逢残客聚，风前相与傲寒霜。”

紫禁城御花园中有一座大型石假山，名叫“堆秀山”，高约 14 米，玲珑剔透，洞壑幽深，山顶建了一座御景亭。传说明清两代帝王、妃嫔常以此山为重阳登高的所在。在处处红墙黄瓦围合的宫禁深处，这里是一个难得令人稍稍舒心的地方——只要爬相当于四五层楼的高度，就可以站立于“紫禁之巅”，感觉一定很好。可惜现在出于安全考虑，故宫已经禁止游客攀爬这座假山，否则倒可以体验一下。

◎ 秋日诗兴

北京西北郊的皇家园林红叶灿烂，风景佳妙，更适合秋日游览，尤其是颐和园万寿山、静明园玉泉山和静宜园香山都是天然真山，峰峦挺秀，视野开阔，重阳攀登，最为惬意。从乾隆十一年（1746 年）开始，乾隆帝几乎每年都要奉皇太后在重阳节那天登香山，还写诗说：“名山初试菊花筵，九日登高古所传。”强调重阳登高是自古以来的传统。另外翁同龢日记记载光绪二十三年九月初九日，慈禧太后、光绪皇帝以及王公大臣曾一起由梯云山馆爬上香山，登高远眺——不过他们基本上都是乘轿子上去的。

圆明园中的假山和高台建筑都是人工堆筑而成的，高度有限，但同样可以在重阳节这一天成为登高的场所。比如福海北岸有一座高台方亭，周围环境与远方视野和杭州西湖十

清代余省、周鲲、沈源绘《十二禁禦图 · 无射戒寒》中的圆明园两峰插云亭（台北故宫博物院藏）

景中的双峰插云有几分相似，因此题为“两峰插云”。清代宫廷画家所绘《十二禁禦图》中第九幅《无射戒寒》描绘的便是九月初九这一天此亭所在区域的游乐之景，湖畔石旁菊花盛开，几人在亭中凭栏观赏湖光山色。由晚清老照片判断，实际上这座亭子的台基只有三四米高，远没有图上画的那么陡峻，所谓“登高”，仅具象征意义。

但乾隆皇帝依然在这幅图上题了一首《九日登高》诗：“性与秋光自觉谙，登高此日畅幽探。荷衣已破无从补，枫颊才红尚未酣。恰好得诗教雁写，不须摘菊倩人簪。晚来静坐寒窗下，即景频频惕九三。”他另外写过一首《秋日圆明园即景》诗，夸赞重阳前后的御园风光：“红叶千林似锦张，秋容端不让春光。南轩日暖帘初卷，曲沼波寒鱼半藏。战雨晚桐漏疏影，冒霜早菊先重阳。平添诗客三分兴，熟境应忘若个忘。”

说实话，乾隆的诗大多写得不怎么样，不过这两首重阳诗还算不错，把园林中胜似春光的秋爽景致描摹得颇具画意。

岁岁重阳，今又重阳，不妨暂且放下杂事，找一个园子逛逛，顺便回味一下园林往事，虽不能像乾隆那样“平添诗客三分兴”，大概也能增添几分游园的雅趣吧。

后记

我的故乡淮安是京杭大运河岸边的一座园林之城，可惜晚清以来战乱频发、天灾不断，数以百计的名园几乎毁失殆尽，只剩下一座清晏园景物犹存。离家不远的扬州名气更大，还保存着比较多的旧园，其中个园、何园、小盘谷尤为出色。在南京上大学时，知道了瞻园和煦园。去苏州实习，得以游览拙政园、留园、狮子林、网师园、沧浪亭，感受到最精美的江南园林的风采。大学毕业后一度在常州工作，却不知道本地有近园、未园、意园、约园，缘悭一面。

1995 年来到北京读研究生，流连于颐和园、北海和圆明园遗址，乐而忘归，于是一住就是二十多年，其间有很多机会外出探访各地的名园胜景，还多次远赴欧美、日本，饱览园林秀色，化为胸中丘壑。

2001 年博士毕业之后，我一直在清华大学建筑学院任教，主讲的课程有一门叫“亚洲景观史纲”，每年选修的同学不少。业余做过一些关于古典园林的粗浅研究，出版了《北京私家园林志》《圆明园造园艺术探微》《中国皇家园林》等作品，也设计过几个带有古典风格的园林工程，可惜都没有建成。平日很喜欢与朋友谈论园林，还常常自告奋勇充当导游。受朋友鼓励，闲暇时顺手写了一些关于古典园林的随笔，先后发表于腾讯“大家”频道和《读库》《光明日报》《北京晚报》《北京文史》《文史淮安》等报刊,积攒起来,便汇成了这本《故园惊梦》。

园林大家陈从周先生学问精湛，著述等身，专业研究之余，有多部关于园林的随笔集传世。作为后学，难以企及先贤之万一，敷衍此书，聊作效颦，其中的浅薄和谬误之处，还有待读者的指正。

版权专有，未经本社许可，不得翻印。

图书在版编目（CIP）数据

故园惊梦 / 贾珺著 . -- 长沙 : 湖南美术出版社，2022.11
ISBN 978-7-5356-9883-4

Ⅰ. ①故… Ⅱ. ①贾… Ⅲ. ①古典园林- 园林艺术- 中国- 文集 Ⅳ. ① TU986.62-53

中国版本图书馆 CIP 数据核字 (2022) 第 160259 号

故园惊梦
GUYUAN JINGMENG

贾珺　著

出 版 人　黄　啸
出 品 人　陈　垦
出 品 方　中南出版传媒集团股份有限公司
　　　　　上海浦睿文化传播有限公司
　　　　　（上海市万航渡路 888 号开开大厦 15 楼 A 座 200040）
责任编辑　王管坤
装帧设计　凌　瑛
责任印制　王　磊
出版发行　湖南美术出版社
　　　　　（长沙市雨花区东二环一段 622 号 410016）
网　　址　www.arts-press.com
经　　销　湖南省新华书店
印　　刷　深圳市福圣印刷有限公司

开本：880mm×1230mm 1/32　　印张：11.25　　字数：220 千字
版次：2022 年 11 月第 1 版　　印次：2023 年 8 月第 3 次印刷
书号：ISBN 978-7-5356-9883-4　　定价：88.00 元

如有倒装、破损、少页等印装质量问题，请与印刷厂联系调换。 联系电话：8621-60455819